高等院校海洋科学专业规划教材

海洋科学专业实习
（海洋地质方向）

Professional Practice Instruction of
Marine Science (Marine Geology)

吕宝凤◎编

U0388231

中山大学出版社
SUN YAT-SEN UNIVERSITY PRESS
·广州·

内容提要

本书是针对海洋地质专业大学本科二年级学生野外认识实习所编教程。全书共分 5 章：第一章介绍实习目的、意义、内容与要求；第二章介绍常见地质现象野外基本特征及其观察要点；第三章介绍野外地质工作基本方法和技能及常用工具的使用方法；第四章介绍实习基地（大鹏半岛国家地质公园）基本地理与地质背景；第五章介绍 13 条野外地质认识实习路线的基本特征及其观察内容，涵盖了常见地质构造（节理、断层、褶皱等）、常见岩石类型（泥岩、砂岩、花岗岩、条带状混合岩等）、常见海岸类型（沙滩海岸、基岩海岸等）、常见海洋沉积地貌单元（沙滩、沙坝、潟湖等）、常见的海蚀作用方式（冲击、冲刷、溶蚀等）以及常见海蚀地貌形体（海蚀崖、海蚀洞、海蚀槽等）。本书图文并茂、通俗易懂，也可供地质相关专业学生（诸如物理海洋学、近岸海洋学、河口海岸学、海洋环境学等）及其他海洋爱好者参考。

图书在版编目（CIP）数据

海洋科学专业实习：海洋地质方向/吕宝凤编. —广州：中山大学出版社，2018.4

（高等院校海洋科学专业规划教材）

ISBN 978 - 7 - 306 - 06216 - 1

Ⅰ.①海…　Ⅱ.①吕…　Ⅲ.①海洋学—高等学校—教学　Ⅳ.①P7

中国版本图书馆 CIP 数据核字（2017）第 263934 号

Haiyang Kexue Zhuanye Shixi：Haiyang Dizhi Fangxiang

出 版 人：徐　劲
策划编辑：曹丽云
责任编辑：曹丽云
封面设计：林绵华
责任校对：李　文
责任技编：何雅涛
出版发行：中山大学出版社
电　　话：编辑部 020 - 84111996，84113349，84111997，84110779
　　　　　发行部 020 - 84111998，84111981，84111160
地　　址：广州市新港西路 135 号
邮　　编：510275　　　传　　真：020 - 84036565
网　　址：http://www.zsup.com.cn　　E-mail：zdcbs@mail.sysu.edu.cn
印 刷 者：佛山市浩文彩色印刷有限公司
规　　格：787mm×1092mm　1/16　8.5 印张　135 千字
版次印次：2018 年 4 月第 1 版　2018 年 4 月第 1 次印刷
定　　价：30.00 元

总　序

海洋与国家安全和权益维护、人类生存与可持续发展、全球气候变化、油气与某些金属矿产等战略性资源保障等休戚相关。贯彻落实"海洋强国"建设和"一带一路"倡议，不仅需要高端人才的持续汇集，实现关键技术的突破和超越，而且需要培养一大批了解海洋知识、掌握海洋科技、精通海洋事务的卓越拔尖人才。

海洋科学涉及领域极为宽广，几乎涵盖了传统所熟知的"陆地学科"。当前海洋科学更加强调整体观、系统观的研究思路，从单一学科向多学科交叉融合的趋势发展十分明显。海洋科学本科人才培养中，如何解决"广博"与"专深"的关系，非常关键。基于此，我们本着"博学专长"理念，按"243"思路，构建"学科大类→专业方向→综合提升"专业课程体系。其中，学科大类板块设置基础和核心2类课程，以培养宽广知识面，掌握海洋科学理论基础和核心知识；专业方向板块从第四学期开始，按海洋生物、海洋地质、物理海洋和海洋化学4个方向，"四选一"分流，以掌握扎实的专业知识；综合提升板块设置选修课、实践课和毕业论文3个模块，以推动更自主、个性化、综合性的学习，养成专业素养。

相对于数学、物理学、化学、生物学、地质学等专业，海洋科学专业开办时间较短，教材积累相对欠缺，部分课程尚无正式教材，部分课程虽有教材但专业适用性不理想或知识内容较为陈旧。我们基于"243"课程体系，固化课程内容，建设海洋科学专业系列教材：一是引进、翻译和出版 *Descriptive Physical Oceanography: An Introduction*, 6 ed [《物理海洋学》（第 6 版）]、*Chemical Oceanography*, 4 ed [《化学海洋学》（第 4 版）]、

Biological Oceanography, 2 ed［《生物海洋学》（第 2 版）］、*Introduction to Satellite Oceanography*（《卫星海洋学》）等原版教材；二是编著、出版《海洋植物学》《海洋仪器分析》《海岸动力地貌学》《海洋地图与测量学》《海洋污染与毒理》《海洋气象学》《海洋观测技术》《海洋油气地质学》等理论课教材；三是编著、出版《海洋沉积动力学实验》《海洋化学实验》《海洋动物学实验》《海洋生态学实验》《海洋微生物学实验》《海洋科学专业实习》《海洋科学综合实习》等实验教材或实习指导书，预计最终将出版 40 余部系列性教材。

教材建设是高校的基本建设，对于实现人才培养目标起着重要作用。在教育部、广东省和中山大学等教学质量工程项目的支持下，我们以教师为主体，及时地把本学科发展的新成果引入教材，并突出以学生为中心，使教学内容更具针对性和适用性。谨此对所有参与系列教材建设的教师和学生表示感谢。

系列教材建设是一项长期持续的过程，我们致力于突出前沿性、科学性和适用性，并强调内容的衔接，以形成完整知识体系。

因时间仓促，教材中难免有所不足和疏漏，敬请不吝指正。

《高等院校海洋科学专业规划教材》编审委员会

前　言

　　"海洋地质学"是高等院校涉及海洋科学（海洋地质学、物理海洋学、近岸海洋学、河口海岸学、海洋环境学等与海洋有关的多专业）本科生的基础课、专业课。针对海洋地质专业低年级大学生野外认识实践教学所需，中山大学海洋科学学院吕宝凤教授为主的实习指导小组编写了《海洋地质认识实习指导书》，并于2015年8月由中山大学出版社出版发行。该书共规划了10条野外实习路线，其中包括节理、断层、褶皱等常见地质构造，泥岩、砂岩、花岗岩、条带状混合岩等常见岩石类型，沙滩海岸、基岩海岸等常见海岸类型，沙滩、沙坝、潟湖等海洋沉积地貌，海蚀崖、海蚀洞、海蚀槽等海蚀地貌以及冲击、冲刷、溶蚀等常见海蚀作用方式。

　　在多年实用的基础上，为进一步完善该课程教学方案，实习指导小组对第一版《海洋地质认识实习指导书》部分内容进行了补充和调整，并更名为《海洋科学专业实习（海洋地质方向）》。

　　全书由中山大学海洋科学学院吕宝凤教授主编，蔡周荣副教授、刘维亮副教授参与了部分编写工作。本书在编写和出版过程中，得到中山大学海洋科学学院相关领导、职能部门及诸多同仁的大力支持，在此一并表示衷心的感谢。

　　由于时间仓促，加之编者水平有限，不足之处在所难免，诚恳地欢迎同行专家和广大读者批评、指正。

编　者

2017年8月

目　　录

第1章

绪 论

1.1 实习的意义

地球科学是一门实践性很强的学科，野外实践是地质类专业学生获得感性认识，强化对课堂所学理论知识的理解，切实感受地质工作的性质，学习掌握野外实际工作技能的必修课，历来为国内外地学类高等院校、高等院校地学类专业/院系、研究机构和用人单位所重视。

中山大学海洋科学学院根据本专业教学大纲的要求，在大学二年级第一学期开设海洋地质学认识实习，在教师指导下，以班为单位完成野外教学路线，观察、认识和描述教学路线中所见到的典型地质现象，分析和总结所观察到的地质现象的内在地质规律与形成机理。这对掌握野外地质工作的基本技能，奠定后期继续学习基础具有重要意义。

1.2 实习的内容、目的与要求

1.2.1 实习内容

（1）学习野外地质素描、路线剖面图的基本做法。

（2）学习罗盘的使用与产状的测量方法。

（3）学习野外记录簿的使用及野外资料的采集方法。

（4）认识褶皱、节理、断层等常见地质构造。

（5）认识火成岩、沉积岩、变质岩等基本岩石类型。

（6）认识冲蚀、球状风化等海蚀作用。

（7）认识沙滩、基岩等基本海岸类型。

（8）认识沙堤、潟湖等滨岸带现代沉积地貌，了解其形成机理。

（9）认识波浪（破浪）形成机理及其地质作用。

（10）认识海蚀崖、海蚀洞、海蚀平台等海蚀地貌，了解其形成机理。

（11）参观广州海洋地质调查局，了解南海海洋矿产资源状况和海洋地质调查原理、方法、程序、设备及其工作原理。

（12）参观深圳大鹏半岛国家地质公园博物馆，了解地球演化历史及其内部结构特征。

1.2.2 实习目的

通过海洋地质认识实习，主要达到以下目的：

（1）熟练掌握利用罗盘进行野外地质体产状的测量方法。

（2）了解常见岩石结构、构造、产出状态特征及野外鉴定基本方法。

（3）了解褶皱、断层、节理等基本地质构造的识别、观察和描述方法。

（4）认识滨岸带的地质作用特征、现代沉积特征。

（5）学习野外记录、素描的基本方法。

（6）学习根据野外现象和地质资料综合分析，编写报告的方法。

1.2.3 实习的基本要求

（1）野外实习前进行实习动员，学生听取教师对实习地点地质背景的介绍，初步了解实习地点的基本地质地貌特征。

（2）野外实习过程中的记录及观察分小组进行，小组中每位同学必须亲自操作，通过动手、动眼、动脑掌握野外定位的基本技能，学会野外观察、素描和记录的基本方法。

（3）实习结束后每位同学提交实习报告一份。

1.3 野外实习注意事项及成绩评定

1.3.1 注意事项

为了能按计划学习专业知识，并保证安全，做到"高高兴兴出去、平平安安归来"，特制订如下安全事项，同学们应遵照执行：

（1）安排好自己的穿戴、装束与其他个人事务，脚穿登山鞋、旅游鞋或运动鞋（不得穿拖鞋）。

（2）不单独行动，有事请假并结伴而行。

（3）野外行动时要注意滑蹭、滚石、蛇咬等被动伤害。

（4）与人交往注意文明礼貌，不惹是生非。

（5）路遇来车时积极避让。

（6）遵守考察点当地民风、民俗及有关章程和规定。

1.3.2 成绩评定

考核内容：主要依据学生的野外表现、个人实习报告。

成绩评定方式：根据有关规定，实习总成绩实行百分制，由教师评议、报告编写、小组评议三部分组成，分别占 30%、50% 和 20%。

第2章

常见地质现象及其观察要点

2.1 常见矿物的野外鉴定方法与要点

2.1.1 常见矿物野外鉴定方法

野外鉴定矿物是地质工作者必备的基本技能，能否用肉眼快速鉴定矿物是衡量地质工作者是否熟练掌握地质工作基本技能的重要指标。

一般肉眼观察和鉴别矿物时，可借助小刀、指甲、放大镜和盐酸等基本工具或试剂。首先判别矿物所在岩石的大类，是沉积岩、岩浆岩还是变质岩。

沉积岩中常见碳酸盐类矿物（方解石、白云石等）、石英、长石、高岭土、褐铁矿、云母等，一些岩屑实际上也是由这些矿物组成。一般碳酸盐矿物可用稀盐酸鉴别，石英具有突出的油脂光泽，长石具有解理，高岭土、褐铁矿和云母可根据硬度、颜色和形状加以区别。

岩浆岩及变质岩中可见大多数造岩矿物，如橄榄石、辉石、角闪石、黑云母、斜长石、正长石和石英等，野外可充分利用其颜色、解理、硬度和光泽等性质，借助小刀、放大镜和盐酸等简单工具或试剂对矿物做出初步鉴别。

2.1.2 野外常见矿物鉴别特征

石英：三方晶系。晶体常为六方柱、菱面体，柱面常见生长横纹，玻璃光泽，无解理，断口凸显油脂光泽，硬度大于小刀（摩氏硬度为7）。

斜长石：是一组类质同象系列矿物的总称。单体多为板状、板柱状，常见聚片双晶，白色和灰白色，玻璃光泽，解理发育，硬度大于小刀。

正长石（钾长石）：晶体多呈短柱状或厚板状，多发育双晶，集合体多为粒状或块状，肉红色为主，玻璃光泽，硬度大于小刀。

高岭土：因广泛分布于我国江西景德镇的高岭山而得名，是制作陶瓷的必备原料。其晶体极小，集合体常呈土状或块状，白色为主，可见淡红色、蓝色或绿色，土状光泽、蜡状光泽，硬度小于小刀（摩氏硬度为1），易变形，可搓成粉末，干燥时显著膨胀成手风琴式弯曲柱，相对密度小，可浮于水面上。

云母：常见黑云母和白云母，晶体呈片状、板状或鳞片状集合体，易用小刀剥离，具弹性，玻璃光泽。

2.2 常见岩石的野外观察方法与观察要点

由地质作用将一种或一种以上矿物按照一定规律组合起来的集合体称为岩石。组成地壳的岩石根据成因不同，可分为岩浆岩、沉积岩和变质岩三大类。

野外识别岩石，应首先选择新鲜面观察岩石的宏观特征，步骤如下：

（1）观察岩石的构造，初步鉴别岩石属于三大岩类的哪一类。

（2）鉴定岩石的物质成分。

（3）根据岩石的结构特征定出岩石的次一级类型。

（4）根据岩石的产出状态定出岩石的大体名称。

沉积岩、岩浆岩、变质岩三大岩类岩石的野外鉴定方法如表 2 - 1 所示。

2.2.1 沉积岩的野外观察方法与观察要点

沉积岩的野外观察主要包括以下 7 个方面的内容：颜色、成分、结构、构造、层厚、沉积岩体整体的形态、化石。其中，后 5 项尤其需在野外露头上观察，仅观察手标本是不全面的。

表 2-1　肉眼鉴定三大岩类结构构造对比

对比内容	岩　浆　岩	沉　积　岩	变　质　岩
结构类型	①常见结构：粒状结构、斑状结构、似斑状结构 ②特征结构：玻璃质结构、火山碎屑结构、熔结火山碎屑结构、煌斑结构、伟晶结构	①陆源碎屑结构：砾状结构、粒状结构、粉砂状结构、泥质结构 ②粒屑结构：内碎屑结构、鲕粒结构、生物碎屑结构等 ③生物骨架结构 ④结晶结构（碳酸盐岩） ⑤非晶质结构（硅质结构）	①变余结构 ②变晶结构：粒状结构、鳞片状结构、纤维状结构、斑状结构等 ③碎裂结构、糜棱结构等
构造类型	①侵入岩构造：块状构造、斑杂状构造、条带状构造 ②喷出岩构造：气孔构造、杏仁构造、流纹构造、枕状构造	①层理构造 ②层面构造：波痕构造、冲刷构造、槽痕构造 ③生物构造：虫孔构造、虫迹构造等 ④化学构造：晶痕构造、结核构造、缝合线构造等 ⑤变形构造	①变余构造 ②变晶构造：粒状构造、片状构造、千枚状构造、块状构造、片麻状构造等 ③混合构造

1. 沉积岩的颜色

颜色是沉积岩最直观的标志，它不仅是沉积岩的表面现象，而且还是反映组成岩石的物质成分、形成环境、介质条件等方面的重要特征。据其成因可将沉积岩的颜色分为以下三种。

1）继承色

继承色即碎屑物质固有的颜色，取决于他生陆源继承矿物的颜色。如肉红色长石碎屑为主时，岩石呈红色；主要由石英碎屑组成的岩石呈灰色。

2）自生色

自生色即沉积岩形成的早期阶段出现的新生矿物的颜色，如石灰岩的灰白色，含海绿石岩石的绿色等。

3）次生色

次生色即沉积岩形成以后受到次生变化而产生的次生矿物的颜色。这种颜色多半由氧化作用或还原作用、水化作用或脱水作用以及各种化合物带入或带出等引起。

在野外工作中观察颜色要注意以下三点：①准确描述岩层的色彩，可用复合名称，如深紫红色、浅蓝灰色、浅灰绿色等；②确定颜色与层理的关系，描述颜色的继承性、原生性和次生性；③描述岩层中与层理、透水性、裂隙有关的颜色的分布特征。

2. 沉积岩的成分

沉积岩的物质成分可以根据其成因分为以下三个组成部分。

1）继承组成部分

继承组成部分是指原来就已存在的岩石经物理风化的破碎产物，或是火山喷发的碎屑物质，或是内碎以及少量的宇宙尘经过水、冰、风等地质营力的搬运而沉积下来的碎屑物质。如砂岩中的石英、长石，凝灰岩中的晶屑、岩屑等。

2）同生组成部分

同生组成部分是指由真溶液中或胶体溶液中沉积的矿物，或部分由于生物的生化作用的产物。如各种盐类矿物，沉积黏土，铝、铁、锰、磷的氧化物及硫化物等。

3) 成岩后生组成部分

成岩后生组成部分是指沉积物沉积以后在成岩作用阶段或后生作用阶段形成的新矿物，或由于某些物质重新分配与聚集而形成的细脉、变晶、结核等。

3. 沉积岩的构造

沉积岩的构造是指沉积岩中各组成部分的空间分布和排列方式。沉积岩的构造类型很多，成因也很复杂，既有原生的又有次生的，既有机械的又有生物的和化学的。

4. 沉积岩的主要类型

沉积岩野外采用成分—结构分类方案，不涉及成因（如表 2 - 2 所示）。首先按组成沉积岩的主要成分划分大类，常见的为陆源碎屑岩和碳酸盐类，再按结构划分基本岩石类型。

表 2 - 2 沉积岩野外常用分类方案（据赵得思，2009）

主要成分	陆源碎屑物		碳酸盐		其他生物—化学岩、化学岩
岩类	陆源碎屑岩		碳酸盐岩		
结构及岩石类型	结构（粒度）	岩石类型	结构	岩石类型	硅质岩 蒸发岩 磷质岩 铜质岩 铁质岩 煤 铝质岩 油页岩 锰质岩
	砾状结构（>2.00 mm）	砾岩	粒屑结构	粒屑灰岩	
	砂状结构（0.50～2.00 mm）	砂岩	结晶结构	结晶结构白云岩	
	粉砂状结构（0.05～0.50 mm）	粉砂岩	生物骨架结构	生物骨架灰岩	
	泥质结构（<0.05 mm）	泥质岩	—	—	

1）碎屑岩的野外观察与描述

野外鉴定碎屑岩时，着重观察基岩石结构与主要矿物成分。

首先，要仔细观察碎屑颗粒的大小。粒径大于 2.00 mm 是砾岩，0.50～2.00 mm 是砂岩，0.05～0.50 mm 是粉砂岩。

其次，看碎屑岩的矿物成分（碎屑颗粒成分和胶结物成分）。砂岩主要矿物成分有石英、长石、云母、重矿物和一些岩石碎屑。在碎屑岩中，常见的胶结物有铁质（氧化铁和氢氧化铁）、硅质（二氧化硅）、泥质（黏土质）、钙质（碳酸钙）等。铁质胶结物多呈红色、褐红色或黄色；硅质最硬，小刀刻不动；钙质滴稀盐酸起泡；泥质胶结的岩石较疏松。

层理的类型是根据细层的厚度、形态以及细层与层系界面的关系来确定的。若细层厚度大于 1.0 m，则称为块状层；若细层的厚度为 0.5～1.0 m，则称为厚层；若细层的厚度为 0.1～0.5 m，则称为中层；若细层的厚度为 0.01～0.10 m，则称为薄层；若细层的厚度小于 0.01 m，则称为页状层。

碎屑岩通常采用三级命名法，以含量（即质量分数）不小于 50% 的粒级定岩石的主名，即基本名；含量介于 25%～50% 的粒级以形容词"××质（或状）"的形式写在基本名之前；含量在 10%～25% 的粒级作次要形容词，以"含××"的形式写在最前面；含量小于 10% 的粒级一般不反映在岩石的名称中。例如，某碎屑岩，细砾含量为 27%，粗砂含量为 60%，硅质含量为 10%，则该碎屑岩命名为含硅质细砾状粗砂岩。必要时其颜色、构造等一些特殊特征可参与命名，如灰白色硅质胶结中薄层细砾石英砂岩。

火山碎屑岩的鉴别比较困难。因为它在成因上具有火山喷发和沉积的双重性，是一种介于岩浆岩与沉积岩之间的过渡型岩石。常常是以其成因特点、物质成分、结构、构造和胶结物的特征来区别于碎屑岩。

2）泥质岩的野外观察与描述

鉴定泥质岩的主要依据是其泥质结构。泥质岩矿物颗粒非常细小，肉眼仅能按其颜色、硬度等物理性质及结构、构造来鉴定。层理是泥质岩中最明显的特征，因此，人们就按泥质岩层理（若层理厚度小于 1 mm 则称为页理）及其固结程度进行分类，将固结程度很高、页理发育、可剥成薄片者称为页岩。页岩常含化石。将那些固结程度较高、不具有页理、遇水不易变软者称为泥岩。最后，再根据颜色与混入物的不同进行命名，如紫红色铁质泥岩、灰色钙质页岩等。

　　3）碳酸盐岩的野外观察与描述

　　碳酸盐岩的描述内容、顺序与碎屑岩相近，依然是其成分、结构、构造等一系列独特的特点。

　　（1）矿物成分：碳酸盐岩主要由方解石、白云石组成，有时混入较多的黏土矿物及陆源碎屑，如石英、长石等。其各自的鉴别特征如下。

　　石灰岩：方解石含量大于 75%；在岩石新鲜面上加稀盐酸时强烈起泡，并可听到"吱吱"的响声；多为深灰色至灰色，致密性脆，风化面光滑；多为厚层至块状层。

　　白云质灰岩：方解石含量 50%～75%，白云石含量 25%～50%；滴稀盐酸起泡，响声不大；多为灰色至浅灰色，致密性脆，风化面较光滑，一般无刀砍状溶沟。

　　灰质白云岩：白云石含量 50%～75%，方解石含量 25%～50%；滴稀盐酸微微起泡，无响声；多为浅灰色至浅黄色，断口多为细瓷状，质较硬，风化面上有少量刀砍纹。

　　白云岩：白云石含量大于 75%；滴盐酸时不起泡或泡微弱；多为浅灰色至浅黄灰色，断口较粗糙，质硬，风化面上常有纵横交错的刀砍状溶沟。

　　泥灰岩：岩石多为灰黄色，风化面为土黄色；方解石含量 50%～75%，黏土矿物含量 25%～50%；滴稀冷盐酸起泡并常在酸蚀面上留下黄色的泥质薄膜，含泥量越高，泥膜越明显。

　　（2）结构：碎屑岩中出现的构造在碳酸盐岩中均可出现。

　　晶粒结构：按晶粒大小可分为砾晶（＞2.000 mm）、砂晶（0.050～

2.000 mm)、粉晶（0.005～0.050 mm）、泥晶（＜0.005 mm）。

生物骨架结构：是由造礁生物形成的礁灰岩特有的结构，主要由原地生长的造礁生物遗体组成岩石骨架，骨架内为其他生物碎屑等所充填，常有大量孔隙。

颗粒结构：常见的颗粒类型有内碎屑、鲕粒、生物碎屑等。泥晶基质和显晶胶结物是存在于各处颗粒之间的填隙物，前者较细、致密；后者多呈浅灰色及灰白色，可见晶粒，亮晶明显则说明该灰岩形成于水动力条件强的环境。

（3）构造：碎屑岩中出现的构造在碳酸盐岩中均可出现。此外，在野外观察中还常见碳酸盐岩独特的构造。

叠层石构造：是蓝绿藻类分泌的黏液捕集水中的微粒形成的一种纹层构造。纹层形态多变，有平直状、波状、弯曲状或柱状环叠、半球状或球状等。

缝合线构造：在岩层的切面上，它呈现为锯齿状的曲线，即缝合线；在平面上，即在沿此裂缝破裂面上，它呈现为参差不平、凹下或凸起的大小不等的柱体，称为缝合柱。在这两种形式中，以缝合线最常见。

（4）碳酸盐岩的命名：一般按"颜色—构造—结构—成分"的顺序给碳酸盐岩命名，如"深灰色中层鲕粒灰岩"。

综合上述，在观察和描述沉积岩时应注意：要描述岩石整体的颜色，区分岩石是碎屑结构、泥质结构、结晶结构还是生物结构等；要描述所含矿物成分、颗粒大小及颜色上的差异；要确定碎屑物及胶结物的成分；对砾石的形状、大小、磨圆度和分选性等特征要描述，并要确定胶结类型以及胶结程度；对沉积岩命名应遵循"颜色＋胶结物＋构造＋结构＋岩石名称"的法则。

此外，需要注意沉积岩体形状、岩层厚度及产状、风化程度、化石保存情况及其类属。

2.2.2 岩浆岩的野外观察方法与观察要点

地下深处产生的岩浆，沿构造脆弱带上升到地壳上部或喷出地表，由于环境的改变，岩浆的成分和物理化学状态等可能不断地发生变化，最后冷凝、结晶形成岩浆岩。按岩浆是侵入到地壳之中或是由于火山作用喷出地表，可分为侵入作用和喷出作用，相应地形成侵入岩和喷出岩。另外，与火山作用同时形成的、未喷出地表而产于近地表部位的岩石，称为潜（次）火山岩。一般所说的火山岩应包括熔岩、火山碎屑岩和潜火山岩三部分。

野外对岩浆岩的观察和描述，一般包括矿物成分、结构、构造、产状、分类命名等内容。

1．岩浆岩的矿物成分

常见的岩浆岩矿物有 20 多种，其中最主要的有 9 类：橄榄石、辉石、角闪石、黑云母、白云母、斜长石、碱性长石、似长石、石英。这 9 类矿物在岩浆岩中的组合和相对含量的不同，构成不同种类的岩浆岩。按矿物在岩石中的含量和在分类命名中的作用，可分为主要矿物和次要矿物。

主要矿物是指在岩石中含量较多，并决定岩石大类名称的矿物。例如，一般花岗岩的主要矿物是石英、长石和云母等。

2．岩浆岩的结构

岩浆岩的结构是指岩石的矿物的结晶程度、颗粒大小、晶体形态、自形程度以及矿物间（包括玻璃）的相互关系。

1）结晶程度

依岩浆岩中矿物结晶质与非结晶质（玻璃质）的相对比例，可以将岩浆岩的结构分为以下三类。

（1）全晶质结构：岩石全部由已结晶的矿物组成，是岩浆在缓慢冷却条件下（如在地下深处）结晶形成的，多见于侵入岩中。

（2）玻璃质结构：岩石几乎全由未结晶的玻璃质组成，是岩浆在快速冷却（淬火）条件下（如喷出地表）形成的，主要见于喷出岩，也可见于浅成岩体边缘。

（3）半晶质结构：岩石由部分结晶质矿物和部分玻璃质组成，多见于喷出岩和部分浅成岩中。

2）颗粒大小

按矿物颗粒直径的绝对大小可分为：粗粒结构（＞5.0 mm）、中粒结构（2.0～5.0 mm）、细粒结构（0.2～2.0 mm）。

以上三级粒度在肉眼观察时能辨认矿物颗粒，故称为显晶质结构；当粒径＜0.2 mm时，肉眼一般不易分辨颗粒，故称为隐晶质结构，见于喷出岩和部分浅成岩中。

此外，按矿物颗粒的相对大小可分为以下三种结构。

（1）等粒结构：岩石中同种矿物颗粒大小大致相等。

（2）不等粒结构：岩石中同种矿物颗粒大小不等，连续跨过几个粒级。

（3）斑状结构：组成岩石的物质明显可分为大小截然不同的两群，大者称为斑晶，小者称为基质。若基质是显晶质则称为似斑状结构。斑状结构是浅成岩和火山熔岩的重要结构，似斑状结构多见于较深的侵入岩中。

3. 岩浆岩的构造

岩浆岩的构造是指岩石的各部分［矿物集合体和（或）玻璃等部分］相互排列、配置与充填方式。常见的岩浆岩构造主要有如下几种。

1）块状构造

岩石各部分在成分和结构上都是均匀的，无定向性。这是最常见的构造。

2）斑杂构造

岩石不同部位的结构或矿物成分有较大的差异，如一些地方暗色矿物多，一些地方又很少，使岩石呈现出斑斑驳驳的外貌，称为斑杂构造。

3）带状构造

带状构造表现为岩石中具有不同结构或不同成分的条带交替，彼此平行排列，主要发育在基性岩、超基性岩中。

4）面理构造和线理构造

岩浆岩中片状矿物、扁平捕虏体等呈定向排列，形成面理构造。若柱状矿物（如角闪石等）、长形捕虏体等的长轴方向呈定向排列，则形成线理构造。

5）流纹构造

流纹构造表现为不同颜色和结构的条带以及矿物斑晶、拉长气孔等的定向排列，反映熔岩流流动状态，是酸性熔岩中最常见的构造，有时在浅成岩体边缘和脉岩两侧也可见到。

6）气孔构造和杏仁构造

气孔构造和杏仁构造是喷出岩中常见的构造，主要见于熔岩层（一次喷发）的顶部。在冷凝的熔岩流中，尚未逸出的气体上升汇集于岩流顶部，随着气体逸出，岩流冷凝后留下气孔，即形成气孔构造，若气孔被后来物质充填，则形成杏仁构造。

7）枕状构造

枕状构造是海底基性熔岩中常见的构造。其状似枕头，大小不等，每个岩枕一般顶面上凸，底面较平，外部为玻璃质壳，向内逐渐为显晶质，气孔或杏仁体呈同心层状分布，具放射状或同心圆状裂缝。

4. 岩浆岩的野外分类

岩浆岩的分类方法很多，野外一般根据岩浆岩的结构、构造，将岩浆岩分为深成侵入岩类、浅成侵入岩类、潜火山岩类、熔岩类、火山碎屑岩类 5 个岩类。同时，以 SiO_2 的百分含量（即质量分数）将岩浆岩划分为 6 个酸度大类（如表 2-3 所示）。

表 2－3　主要岩浆岩野外肉眼鉴定基本分类

岩类	深成侵入岩	浅成侵入岩	潜火山岩	熔岩	火山碎屑岩	酸度大类	
						大类	SiO$_2$ 的百分含量/%
相	深成相	浅成相	潜火山相	喷出相		—	
结构	中粗粒、似斑状结构	细粒—隐晶结构	斑状结构	斑状结构、细粒—隐晶结构	斑状结构、隐晶质玻璃	玻璃质	火山碎屑、熔岩结构	—	—
构造	层状、条带状、斑杂状构造	层状构造	层状构造	气孔、杏仁、流纹构造	块状构造	块状、层状构造	—	—
岩石类型	橄榄岩	金伯利岩	—	苦橄岩	火山玻璃	火山碎屑岩	超基性岩类	<45
	灰长岩	灰长岩、辉绿岩	玄武岩	—			基性岩类	45～53
	闪长岩、闪长玢岩	安山玢岩	安山岩				中性岩类	53～66
	花岗岩	流纹斑岩	流纹岩			—	酸性岩类	>66
	正长岩	粗面斑岩	粗面岩			—	偏碱性中性岩	53～66
	霞石正长岩	—	响岩			—	碱性中性岩	53～66

2.2.3　变质岩的野外观察方法与观察要点

在地壳发展过程中，由于构造运动、岩浆活动、地热流的变化等内力地质作用，原来已形成的各类岩石（沉积岩、岩浆岩及早先形成的变质岩）所处的地质环境及物理化学条件发生了改变而形成新的岩石类型——变质岩。这种使岩石发生变化的地质过程，总称为变质作用。

野外对变质岩的分类、命名的主要依据仍然是其矿物成分、结构、构造等基本特征（如表 2－4 所示）。

表 2－4　变质岩野外分类命名

构造	类	岩 石 构 造	岩 石 结 构	主要组成矿物	岩 石 类 型
定向构造	I	板状构造	隐晶	肉眼不可辨	板岩
		千枚状构造	细粒鳞片变晶结构	绢云母、绿泥石	千枚岩
		片状构造	鳞片变晶结构	云母、绿泥石、角闪石等	片岩
		片麻状构造	鳞片、纤状结构		片麻岩
	II	流纹构造	—	石英、长石、云母	流纹岩
弱定向至非定向构造	III	块状构造	角砾状结构	角砾、碎斑、碎基	构造角砾岩
			碎斑状结构		碎裂岩
			碎裂结构		
	IV	块状构造为主	角岩结构、粒状变晶结构	石英、长石、云母、角闪石等	大理岩
					石英岩
					麻粒岩
					变粒岩
					角闪岩
					混合花岗岩
					矽卡岩
	V		隐晶质结构	蛇纹石	蛇纹岩
			粒状变晶结构	云母、石英、绿泥石等	云英岩
			隐晶细粒粒状、变晶结构		赤盘岩
					云英岩
混合构造	VI	混合构造	变晶结构	—	混合岩

1. 变质岩的矿物成分

变质岩中的矿物成分及变质矿物特征，取决于原岩的化学类型和变质作用条件。不同变质条件下同一化学类型的岩石有不同的矿物。在同一构造背景下不同变质程度的岩石的特征矿物可有所不同，常见特征变质矿物如下：①很低级（很低温）：浊沸石、葡萄石、绿纤石；②很低级—低级（低温）：绢云母、绿泥石、硬绿泥石、绿帘石、阳起石、滑石、蛇纹石；③中级（中温）：十字石、蓝晶石、普通角闪石、铁铝榴石；④高级（高温）：矽线石、紫苏辉石。

2. 变质岩的结构构造

变质岩的结构构造特征依然取决于原岩的结构构造特征和变质作用条件。

1）变质岩的结构

变质岩的结构内容很多，观察的尺度不同，具有不同层次的内容。在野外，一般观察颗粒界面形态、晶粒大小等特征。

变质岩的结构按其形成阶段可以分为三种类型。

（1）变余结构：由于变质作用不彻底，致使原岩的矿物成分和结构被部分保留下来，形成变余结构。与沉积岩有关的变余结构常见的有变余砂状结构、变余粉砂状结构、变余泥状结构等，岩石外貌仍保留部分碎屑结构特征；与岩浆岩有关的变余结构有变余花岗结构、变余辉绿结构、变余斑状结构等；火山岩尤其是基性熔岩遭受低级变质后，常具变余斑状结构。

（2）碎裂及变形结构：这是岩石主要受应力作用发生脆性变形，但强度不大时所形成的结构。岩石和矿物被破裂和压碎成大小不等（>2 mm）、形状不规则、棱角分明、杂乱分布的碎块，较多的碎块（>70%）之间充填较细的物质。

（3）变晶结构：它是变质重结晶和变质结晶作用形成的结构总称，按主要矿物的晶形又划分为以下几种结构。

粒状变晶结构：岩石主要由等轴粒状矿物（如石英、长石）组成。

鳞片变晶结构：岩石主要由鳞片状（绢云母）或片状（白云母、黑云母）矿物组成。

纤状变晶结构：岩石主要由纤维状、针状（透闪石、矽线石）矿物组成。

斑状变晶结构：岩石由变斑晶和基质两部分组成。

2）变质岩的构造

（1）变余构造：由于变质作用对原岩改造不彻底而保留下来的原岩的某些构造特征，常与变余结构共存。常见的有变余层理构造、变余波痕构造、变余杏仁构造、变余流纹构造等。

（2）变成构造：由于变质作用对原岩改造彻底而形成的新的构造特征，常见类型有如下几种。

斑点状构造：在隐晶质的基质中，分布着一些形状不一、大小不等的斑点，肉眼不能辨别斑点的成分。

板状构造：为板岩所特有的构造，系泥质岩石受压力作用形成的。表现为破裂面（劈理面）互相平行。

千枚状构造：是一种低级定向构造，岩石中细小鳞片状矿物初步定向排列构成片理，片理面上有较强的丝绢光泽，但岩石重结晶程度不高，肉眼不能辨认矿物颗粒，鳞片矿物多是绢云母、绿泥石等。

片状构造：由作为岩石主要组成部分的片状、柱状矿物（如云母、角闪石）连续定向排列构成。

片麻状构造：岩石主要由浅色粒状矿物（如石英、长石）组成，较少的片状及柱状暗色矿物（如黑云母、绿泥石、角闪石）呈断续定向排列。

条带状构造：岩石中组分或结构不同的部分呈条带状排列，如浅色粒状矿物为主的条带与暗色柱状、片状矿物为主的条带相间排列。

块状构造：岩石中矿物和结构的分布都较均匀，无定向性。

流状构造：细小的碎基和新生的鳞片状、纤状矿物呈纹层状定向分布，颇似流纹构造，但系应力作用所致。

3. 变质岩的分类命名

首先，根据变质岩最直观、最突出的特征，将其划分为三大构造类型，即定向构造、弱定向至非定向构造、混合构造。然后，根据构造、结构、矿物成分或主要组成特征分类命名，划分了 24 种基本岩石类型。对具变余结构构造的岩石，命名时在原岩名称前加"变质"或"变"字，如变质砂岩（如表 2-4 所示）。

2.3 常见地质构造的野外观察方法与观察要点

2.3.1 褶皱的野外观察方法与观察要点

1. 褶皱的常用分类

褶皱是岩层受力后发生的弯曲变形，野外常根据轴面倾角和枢纽倾伏角将褶皱分成 7 种类型（如表 2-5、图 2-1 所示）。

表 2-5 野外常用褶皱分类

序号	类 型	特 征
I	直立水平褶皱	轴面倾角 80°～90°，枢纽倾伏角 0°～10°
II	直立倾伏褶皱	轴面倾角 80°～90°，枢纽倾伏角 10°～80°
III	倾竖褶皱	轴面倾角 80°～90°，枢纽倾伏角 80°～90°
IV	斜歪水平褶皱	轴面倾角 10°～80°，枢纽倾伏角 0°～10°
V	平卧褶皱	轴面倾角 10°～80°，枢纽倾伏角 10°～80°
VI	斜歪倾伏褶皱	轴面倾角 0°～10°，枢纽倾伏角 0°～10°
VII	斜卧褶皱	轴面倾角及枢纽倾伏角均为 10°～80°，二者倾向基本一致，枢纽在轴面上的侧伏角为 80°～90°

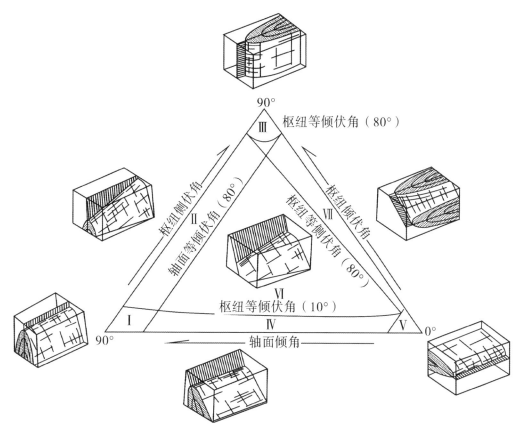

图 2 - 1　褶皱的产状类型（据李忠权 等，2010）

2. 褶皱的观察内容

在野外，对褶皱首先是观察研究其几何学特征，目的在于查明褶皱的空间形态、展布方向、内部结构及各个要素之间的相互关系，建立褶皱的构造样式，进而推断其形成环境和可能的形成机制。其观察要点可概括为以下几个方面。

1）褶皱识别

空间上地层的对称重复是确定褶皱的基本方法。多数情况下，在一定区域内应选择和确定标志层，并对其进行追索，以确定剖面上是否存在转折端，平面上是否存在倾伏端或扬起端。在变质岩发育且构造变形较强地区，要注意对沉积岩原生沉积构造进行研究，以判定是正常层位还是倒转层位；利用同一构造期次形成的小构造对高一级构造进行研究恢复。

2）褶皱位态观测

从上述褶皱分类方案可以看出，褶皱位态需要由轴面和枢纽两个要素确定。对于直线状枢纽或平面状轴面，只需测量其中一个要素就可以确定褶皱的方位。

3）褶皱剖面形态

褶皱形态一般是在正交剖面上进行观察和描述，内容侧重于枢纽、轴面、转折端形态、翼间角、包络面以及波长和波幅等褶皱要素、参数的观察、测量和描述。

4）褶皱样式

褶皱的样式为两个褶皱面之间的单层横截面的形态，对其观察和描述主要侧重于如下几个方面：

（1）褶皱层的平行性或相似性。

（2）褶皱的不连续性及不协调性。

（3）褶皱的紧闭性和翼间夹角大小。

（4）褶皱的对称性。

（5）成双的共轭褶皱等特征。

在野外工作中，如果褶皱出露良好，这些资料可以从褶皱的正交剖面上进行收集。

2.3.2 断层的野外观察方法与观察要点

1. 断层常用分类方案

断层是岩层受力后发生的具有明显位移的破裂变形，野外对断层的常用分类主要依据其上下盘的相对运动方式。野外常用断层分类方案如表 2-6 所示。

表 2-6　野外常用断层分类

分类依据	类型	
根据断层两盘的相对运动方式	正断层	—
	逆断层	高角度逆断层，倾角大于 45°
		低角度逆断层，倾角小于 45°
		逆冲断层位移显著、角度低缓
	平移逆断层	左平移逆断层
		右平移逆断层
	平移—逆断层	以逆断层为主，兼有平移性质
	平移—正断层	以正断层为主，兼有平移性质
	逆—平移断层	以平移为主，兼有逆断层性质
	正—平移断层	以平移为主，兼有正断层性质
根据断层走向与岩层走向间的关系	走向断层	断层走向与岩层走向基本一致
	倾向断层	断层走向与岩层倾向基本一致
	斜向断层	断层走向与岩层走向斜交
	顺层断层	断层层面与岩层层面基本一致
根据断层面与褶皱轴向或区域构造线间的关系	纵向断层	断层走向与褶皱轴向或区域构造线一致
	横向断层	断层走向与褶皱轴向或区域构造线垂直
	斜向断层	断层走向与褶皱轴向或区域构造线斜交

2. 断层的识别

野外对断层一般利用多方面标志进行综合判断，如表 2-7 所示。

表 2-7　断层野外识别标志

识别标志	举例
地貌标志	断层崖、断层三角面、错断的山脊、泉水的带状分布等
构造标志	线状或面状地质体突然中断或错开、构造线不连续、岩层产状急变、节理化或劈理化带突然出现以及挤压破碎、擦痕、阶步发育等
地层标志	地层沿倾向方向的缺失或不对称重复
岩浆活动及矿化作用	串珠状岩体、矿化带、硅化带、热液蚀变带等沿一定方向断续分布
岩相和厚度标志	岩相和厚度突变

3. 断层观察与描述要点

1）**断层面（带）产状的观测**

断层面出露地表且较平直时，可以直接测量。但多数情况下常表现为一个破碎带，往往比较杂乱或被掩盖而不能直接测量，此时可在其伴生的节理、片理产状测量统计数据的基础上，综合判识。

2）**断层两盘运动方向的确定**

断层活动过程中总会在断层面上或其两盘留下一定的痕迹或伴生现象，它们是分析判断两盘相对运动的主要依据。

（1）根据两盘地层的新老关系分析。两盘地层的相对新老关系有助于判断两盘的相对运动方向。对于走向断层，上升盘一般出露老岩层。如果是横断层切过褶皱，对背斜来说，上升盘核部变宽，下降盘核部变窄；向斜则反之。此种效应亦体现在两盘地层的新老关系的变化上。

（2）利用牵引构造。断层两盘的岩层若发生明显弧形弯曲，则形成牵引褶皱，其弧形弯曲的突出方向指示本盘运动方向。

（3）擦痕和阶步。擦痕和阶步是断层两盘相对错动时在断面上留下的痕迹。擦痕由粗而深端指向细而浅端的方向，一般指示对盘运动方向。如用手触摸，可以感觉到顺一个方向比较光滑，相反方向比较粗糙；感觉光滑的方向指示对盘运动方向。在断层面上与擦痕直交的微细陡坎被称为阶步，阶步的陡坎一般面向对盘的运动方向。

（4）羽状节理。断层两盘相对运动过程中，其一盘或两盘的岩石中可产生羽状排列的张节理和剪节理。羽状张节理与主断层常成45°相交，锐角指示节理所在盘的运动方向。

（5）断层角砾岩。如果断层切割并搓碎某一标志性岩层或矿层，据该层角砾在断层面上或断层带内的分布特征可以推断两盘相对位移方向。

野外断层描述主要内容如表2-8所示。

表2-8　野外断层描述主要内容

观 察 对 象	观察方法及内容
断层两盘的地层及其产状变化	走向断层引起的地层效应 横向断层引起的地层效应
断层面产状	直接判定、测量 借助于伴生构造判定
断层两盘的相对运动方向	根据两盘地层的新老关系、牵引褶皱、擦痕、阶步、羽状节理、断层角砾岩等判定
断层带宽度	直接测量
断层岩类型	碎裂、定向、糜棱化、片状
断层的组合方式	正断层的阶梯状、地垒、地堑、箕状构造等 逆断层的叠瓦状、对冲、双冲型地堑、背冲型地垒

2.3.3　节理的野外观察方法与观察要点

节理是岩层受力后发生的无明显位移的破裂变形，是野外常见的构造类型。节理的性质、产状、期次、组合、发育程度和分布规律与褶皱、断层乃至区域构造等有着密切的成因联系，对其详细研究有助于对某一区各类地质事件进行深入分析和了解。

1．节理观测内容

1）节理所在的构造部位

在任何地段观测节理，首先要了解区域褶皱、断裂的分布特点以及观察区段（点）与所在褶皱、断裂的关系，区分不同岩性的地层或其他地质体。

2）区分节理的力学性质

厘定张节理、剪节理或羽饰构造等类型，一般是根据节理特点（如产状变化、光滑程度、充填情况）、组合形式以及尾端变化（如分叉、折尾、马尾状）诸方面因素来综合确定。

3）节理充填情况

调查时要尽量收集脉体产状、规模、形态、间隔、充填矿物的成分及其生长方向等资料；根据节理或脉体特性进行分组以及它们之间交切、互切、限制、追踪和矿物生长方向来分期配套，以确定形成的先后顺序。制作素描图或拍照记录其形态和相互关系。

4）节理产状

在选定地点内对所有节理产状进行系统测量，测定方法和岩层产状要素测定的方法类同。为特殊目的需要，如为确定某一组节理与褶皱的关系，则要测定节理与层理、共轭节理等交线产状，以判别褶皱几何形态。

5）注意观测缝合线构造

缝合线构造可与层面平行、斜交或直交，它们一般与主压应力方向垂直，在一定程度上有助于分析区域应力场。

2．节理观察要点

在各观察区段（点）所获得的节理数据（如表 2 − 9 所示）、资料等信息要及时在野外基地或室内进行整理、统计、存储和制图。根据拟解决的问题而制作的相关图件有数种，若要了解节理或与之相关的脉体发育情况，常绘编玫瑰花图、节理极点图等；若为分析节理与构造应变关系，则可绘制节理应变场状态图等。

表 2-9   节理观测记录

点号及位置	所在构造类型及部位	地质时代、岩性及产状	节理产状	节理面及充填物特征	节理力学性质及组合关系	节理分期与配套	节理密度/(条·米$^{-1}$)	备注

2.4   古生物化石及其野外观察方法与观察要点

2.4.1   古生物化石的概念

保存在地壳的岩石中的古动物或古植物的遗体或表明有遗体存在的证据都谓之化石。简单地说，化石就是生活在遥远的过去的生物的遗体或遗迹变成的石头，按保存特点可分为实体化石、模铸化石、遗迹化石。

1. 实体化石

实体化石是指古生物遗体本身几乎全部或部分保存下来的化石。原来的生物在特别适宜的情况下，避开了空气的氧化和细菌的腐蚀，其硬体和软体可以比较完整地保存而无显著的变化。如在西伯利亚第四系冻土层里发现的 25000 年以前生存过的猛犸象，不仅骨骼完整，连皮、毛、血、

肉，甚至胃中食物都保存完整。（如图 2 - 2 所示）

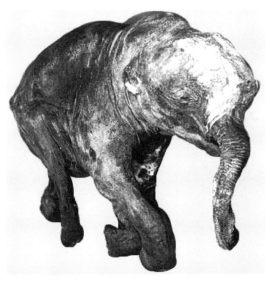

图 2 - 2　西伯利亚第四系冻土层里发现的猛犸象实体化石

2. 模铸化石

模铸化石就是生物遗体在地层或围岩中留下的印模或复铸物。第一类是印痕，即生物遗体陷落在底层所留下的印迹，遗体往往遭受破坏，但这种印迹反映该生物体的主要特征。第二类是印模化石，包括外模和内模两种，外模是遗体坚硬部分（如贝壳）的外表印在围岩上的痕迹，它能够反映原来生物外表形态及构造；内模指壳体的内面轮廓构造印在围岩上的痕迹，它能够反映生物硬体的内部形态及构造特征。第三类是核，上面提到的贝壳内的泥沙充填物称为内核，它的表面就是内模，内核的形状大小和壳内空间的性状大小相等，是反映壳内面构造的实体。第四类是铸型，当贝壳埋在沉积物中，已经形成外模及内核后，壳质全被溶解，而又被另一种矿物质填入，像工艺铸成的一样，使填入物保存贝壳的原形及大小，这样就形成了铸型。（如图 2 - 3 所示）

图 2 - 3　三叶虫模铸化石

3. 遗迹化石

遗迹化石指保留在岩层中的古生物生活活动的痕迹和遗物。遗迹化石中最重要的是足迹（如图 2 - 4 所示），此外还有节肢动物的爬痕、掘穴、钻孔以及生活在滨海地带的舌形贝所构成的潜穴，均可形成遗迹化石。

图 2 - 4　动物足迹化石

2.4.2 古生物化石形成的基本条件

古生物化石形成的基本条件如下。

（1）有机物必须拥有坚硬部分，如壳、骨、牙或木质组织。然而，在非常有利的条件下，即使是非常脆弱的生物，如昆虫或水母也能够变成化石。

（2）生物在死后必须立即避免被毁灭。如果一个生物的身体部分地被压碎、腐烂或严重风化，就可能改变或取消该种生物变成化石的可能性。

（3）生物必须被某种能阻碍分解的物质迅速地埋藏起来。而这种掩埋物质的类型通常取决于生物生存的环境。海生动物的遗体通常能变成化石，这是因为海生动物死亡后沉在海底被软泥等细粒的沉积物覆盖，较细粒的沉积物不易损坏生物的遗体。

虽然地球上曾有众多的人类并不知道的生物生存过，但只有少数生物留下了化石。即使生物变成化石的条件都满足了，仍然还有其他原因使其不能变成化石。例如，很多化石由于地面剥蚀而被破坏掉，或它的坚硬部分被地下水分解了；还有一些化石可能被保存在岩石中，但由于岩石经历了强烈的物理变化，如褶皱、断裂或熔化，这种变化可以使含化石的海相石灰岩变为大理岩，而原先存在于石灰岩中的生物的任何痕迹会完全或几乎完全消失。

2.4.3 古生物化石形成过程

古生物化石形成过程如下。

（1）生物死亡后被迅速掩埋起来，免遭食腐动物的吞食和自然力破坏。

（2）生物的皮肤和肌肉慢慢腐烂，只留下不被腐烂的骨骼。

（3）在胶结成岩过程中，骨骼本身也被矿物质取代，最终得以石化。

（4）含有生物化石的岩层经后期地壳运动，表层岩石被风化剥蚀，使化石暴露于地表。

总之，化石的形成过程相当复杂，包括诸多化学过程和物理过程。比如脊椎动物，一般死后尸体就会被其他动物吃掉或腐烂，骨骼也会分离和分解，在多数情况下，只是慢慢地在地表上消失，不会留下任何痕迹。但在极少数情况下，动物死后很快被泥沙埋藏且能够保存很长时间而不发生分离和分解，所以，化石形成的概率非常低，化石的获得是一件困难的事，尤其是保存完好的脊椎动物的化石更加难得。

2.4.4　古生物化石的科学价值及野外观察与描述要点

1. 古生物化石的科学价值

（1）为研究动植物生活习性、繁殖方式及当时的生态环境提供实物证据。

（2）对研究地质时期古地理、古气候、地球的演变、生物的进化等具有不可估量的价值。

（3）为探索研究地球上生物的大批死亡、灭绝事件提供罕见的实体及实地。

（4）有些特殊、特形化石其本身或经加工后具有极高的美学欣赏价值和收藏价值，因此，在一定意义上，它也是一种重要的地质旅游资源和旅游商品资源。

2. 野外对古生物化石观察与描述的步骤与要点

（1）观察化石的外部形态和内部构造，对大化石的细微构造或微体化石，一般需要借助放大镜，必要时带回实验室用显微镜或电子显微镜进行观察，或将化石做连续切片，以便于了解其内部构造特征。

（2）利用所具有的知识，确定其大致的分类，一般先定到科、属、种。

（3）度量、描述各种性状要素并照相。

2.5　海洋地质作用野外观察方法与观察要点

2.5.1　海洋地质作用概述

1. 海水的运动

海洋地质作用是由海水的运动和海水的物理化学性质决定的。海水的运动是海洋地质作用的最主要的动力，造成海水运动的动力主要有风，海水的密度差、温度差，月引力和地震等。

海水的运动按其运动形式分为海浪、潮汐、洋流和浊流等几种。

（1）海浪：是海水有规律的波状起伏式运动，也称波浪。海浪主要是由风摩擦海水引起的，也可因潮汐、海底运动、火山爆发以及大气压力的剧烈变化而产生。

海浪在外形上有高低起伏，波形最高处称为波峰，最低处称为波谷，相邻两波峰或波谷之间的距离称为波长，波峰到波谷间的垂直距离称为波高，相邻的两个波峰或波谷经过空间同一点所需时间称为波周期，波形在单位时间内前进的距离称为波速。波长、波高、波周期和波速称为海浪的四大要素。（如图 2－5 所示）

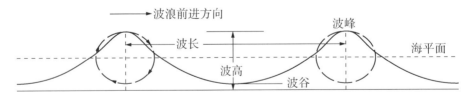

图 2－5　波浪要素示意（据徐茂泉 等，2010）

海浪的大小主要和风力、风的持续性和海面的开阔程度有关。海浪发生时，其波形的传播是沿水平方向进行的，而海水质点则是以某点为圆心做周期性的圆周运动，并无实质性的位移。海浪是一种振荡波，当相邻水质点依次运动到波峰时，波峰则随之向前移动。在风不断吹动下，海浪中的水质点每完成一个圆周运动之后波峰便前进一段距离，成为往复螺旋式的前进运动。水质点的圆周运动半径随水深增加而减小，当达到一定深度后水质点即处于静止状态。水质点处于静止状态的临界面，称为波基面。一般波基面深度为1/2波长，以此为界水域可分为深水区和浅水区。（如图2-6所示）

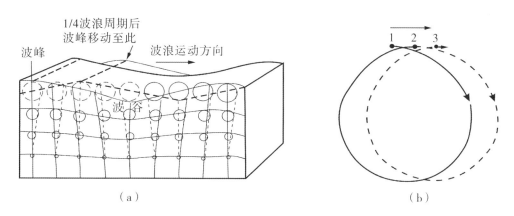

图2-6　深海中波浪传播示意（据徐茂泉 等，2010）

（a）同一水平线上水质点相继做圆周运动，形成波浪起伏的水面；

（b）波浪中水质点的实际运动状况

注：1、2、3为水质点依次通过的最高处；箭头表示水质点总体移动方向。

当海浪前进方向垂直于海岸时，海浪首先到达浅水区，水面波形的对称性会遭破坏，表层水质点运动轨迹变成椭圆形，从水面向下，随着深度的增加椭圆扁率也逐渐增大，在水底则变成水平的往复运动。随着海水深度的变浅，摩擦阻力增大，表面水质点速度超过波速时，波峰破碎出现白色的浪花，海浪进入浅滩，波峰明显超前，涌上海滩拍打海岸形成拍岸浪，拍岸浪涌到海岸后，使海岸水面增高，可达数米，海水在重力作用下，顺着海底斜坡形成底流流回海中。（如图2-7所示）

当波浪前进方向不垂直于海岸而与海岸线斜交时，波浪进入浅水区后

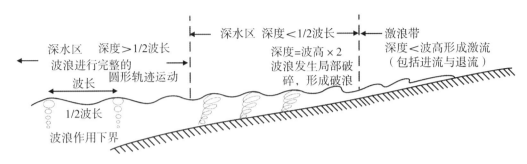

图 2-7　海岸带波浪底部水体运动及沉积物移动状况（据徐茂泉 等，2010）

将发生折射。折射后的波浪到达海岸后，一部分海水以底流方式流回海中，另一部分海水则沿岸流动形成沿岸流。

（2）潮汐：是海水在月球与太阳的引力作用下所发生的周期性涨落现象，包括海面周期性的垂直升降运动和海水周期性的水平运动，通常前者称为潮汐，后者称为潮流。在潮汐现象中，水位上涨为涨潮，此时海水的流动称为涨潮流；水位下降为落潮，此时海水的流动称为退潮流；海面涨至最高水位称为高潮，海面降至最低水位称为低潮；相邻高低潮水位之差称为潮差。

由潮汐引起的海面高度变化迫使海水做水平方向的周期性运动，从而形成潮流。涨潮时，潮水涌向海岸；落潮时，潮水退回外海。

（3）洋流：是海洋中海水做大规模的定向流动。它是一种在一定时间内流速、流向大致不变的水体，其流动方向既可以是水平的，也可以是垂直的。水平流动分表层洋流和海底洋流，垂直流动分上升流和下降流，它们在适当的场所沟通起来构成海水的循环。

（4）浊流：是一种载有大量悬浮物而十分混浊的水下高密度重力流，多发生在浅海、大陆边缘的斜坡上或湖盆中，其悬浮物质可以是砂、粉砂、泥质物等，有时还可夹带砾石。

在风暴浪的搅动、地震的震动、河水的冲击以及海底滑坡等因素的触发作用下，大陆边缘的大陆架之上或河口前缘堆积着的丰富的松散沉积物重新活动并扩散到海水中便形成浊流。

2. 海洋分区

根据海水深度，并结合海底地形和生物群特征，可将海洋分为滨海、浅海、半深海及深海等四个环境分区。（如图 2-8 所示）

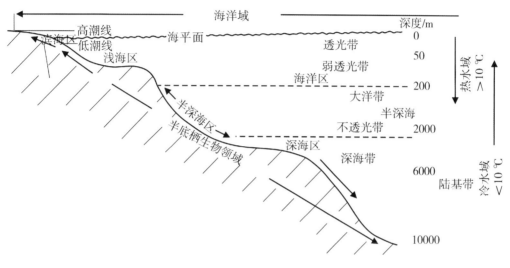

图 2-8　海洋分区示意（据徐茂泉 等，2010）

2.5.2　常见的海水侵蚀作用

海洋的侵蚀作用是指由海浪、潮汐、洋流、浊流等对海岸和海底的侵蚀破坏作用的统称。海蚀作用的方式可分为机械作用、化学作用、生物作用三种。

海浪、潮汐的机械侵蚀作用主要发生在海岸地区。随着海水深度增加，机械侵蚀作用强度减弱，而深层洋流和海底浊流对海底产生的侵蚀作用有所加强。

海水的化学侵蚀作用主要表现为海水对岩石的化学溶解作用；生物海蚀作用是指海洋生物的活动引起的化学溶蚀作用和生物侵蚀作用。海水的化学侵蚀作用和生物海蚀作用在海洋范围内普遍存在。

　　海浪的侵蚀作用主要是海浪进入海岸带后以拍岸浪的形式对海岸进行有力的冲击和破坏。强大的拍岸浪可以抛掷岩屑甚至巨大的石块撞击海岸，加速了对海岸基岩的破坏作用；此外，海水的溶解作用能使可溶岩石组成的海岸受到溶蚀。拍岸浪的强度、海岸岩石的坚硬程度、断裂发育程度是影响海浪的侵蚀作用发育程度、海岸地貌的主要因素。坚硬的以及断裂不发育的岩石抵抗海蚀的能力较强，软弱的或断裂发育的岩石抵抗海蚀的能力较弱，前者凸出形成海岬，后者凹入形成海湾，久而久之，在机械破坏与化学溶蚀的双重作用下，沿着岩石的断裂带可以形成深切的海蚀谷、海蚀拱桥、海蚀柱等，坚硬岩石海岸因崩塌可形成陡峭的海蚀崖，海蚀崖的下部可形成海蚀洞、海蚀槽等。（如图2-9所示）

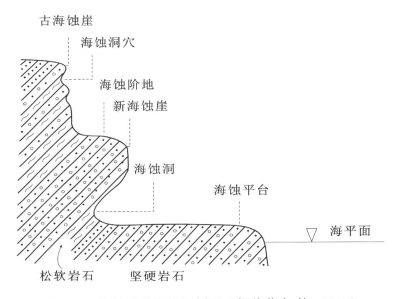

图2-9　海蚀崖及海蚀洞剖面（据徐茂泉 等，2010）

　　潮流主要作用于滨海带濒海一侧，其影响深度可达100 m以上，流速可达1 m/s。洋流的侵蚀作用主要是通过底流的流动搅起海底泥沙，使起混浊，同时可以冲刷沙质海底，侵蚀出许多深浅不同的沟谷。

　　洋流的速度可以接近陆上的河流，对海底也有一定的侵蚀作用，但由于水体中很少含有泥沙，减弱了洋流的侵蚀能力，仅能对海底的峡谷或凸起进行微弱的冲刷，带走现代松散沉积物。

浊流主要发育在大陆坡上，对海底的侵蚀方式主要表现为冲刷作用，包含岩屑和泥沙的浊流沿斜坡向下运动时具有很强的侵蚀能力。

在滨海带聚居着一些能够适应汹涌波涛而生活的海洋生物，它们多半是钻孔生物，其中包括软体动物、棘皮动物和蠕虫等，这些生物用自己的壳刺或分泌某些溶剂侵蚀岸边岩石，由于海浪不断地削平这些孔道，生物便将孔穴钻得更深，从而加速了对海岸的破坏。

2.5.3 常见的海水搬运作用

依据搬运物的性质，海水的搬运可分为机械搬运和化学搬运（溶运）两种。

机械搬运指的是海水对碎屑物质的搬运过程。按物质在海水中的移动状态可分为悬移、跃移和推移三种方式，主要与海水的动力和颗粒大小有关（如表2-10所示）：一般水动力条件相同的情况下，颗粒越细，搬运越远，颗粒越粗，搬运越近，且以推移为主；在颗粒大小一样的情况下，水动力越强，搬运越远。

表2-10 海水中物质存在状态

类 别		颗粒大小/mm	物质组成实例
溶解状态	溶液	$<10^{-8}$	各种离子、分子、电解质、有机分子等
	胶体分散系	$10^{-8} \sim 10^{-4}$	矿物质、水解物、沉淀物等
悬浮状态/沉底状态	细粒分散系	$10^{-4} \sim 0.05$	矿物质、凝聚颗粒、碎屑、细菌等
	悬浊物	$0.05 \sim 0.25$	黏土类、细粉砂等
	沙砾	>0.25	中砂、粗砂、砾石等

化学搬运是指矿物质、水解物和沉淀物以及各种离子、分子、电解质、有机分子等物质被海水溶解迁移的过程，主要是通过溶解其中的盐类

· 41 ·

来进行的。这类物质一方面作为水团的组成随海浪、潮汐及洋流而运动，另一方面受各种化学因素（如浓度、温度、导电性的差异）支配，进行着复杂的分子或离子运动。这一化学过程能使物质溶解破坏成溶液或胶体分散系，并随海水的运动而迁移或发生化学沉淀。

在海洋的不同部位，海水的搬运类型及搬运方式有所不同：在滨海及浅海的近岸区域，以波浪搬运为主；在近海有狭窄海道的地区，潮流的搬运作用明显增强；在半深海和深海则以洋流搬运作用为主；化学搬运作用发生于所有海水流经区域。总之，海水对物质的搬运是一个复杂的过程，在搬运过程中，不仅有物质的位移，对于固态碎屑物质同时还发生分选作用和磨圆作用。

2.5.4 常见的海洋沉积作用

1. 海岸类型与海岸地貌

海岸是海洋与陆地的过渡带，根据其形态和成因，大体可分为基岩海岸、砂（砾）质海岸、泥质海岸、生物海岸四类。

1）基岩海岸

基岩海岸又称港湾海岸，主要由地质构造活动及波浪作用所形成。其特征为地势陡峭，岸线曲折，水深流急。

长期的海蚀作用既是基岩海岸的塑造过程，也是海岸线向陆地后退和海蚀平台扩展的过程中，由于组成基岩海岸岩性的差异或海岬和海湾的相间出现、地质构造的影响以及海蚀作用方向的不同等原因，在海岸带上形成海蚀槽、海蚀崖、海蚀平台、海蚀穹、海蚀柱、海蚀桥等不同类型的地形的过程。（如图 2 - 10 所示）

海蚀槽：由基岩组成的海岸一般地形比较陡峭，在岸壁基部与海平面的接触处，因受波浪的频频冲击，可形成沿水平方向展布的凹穴。若形成洞穴则称为海蚀洞。

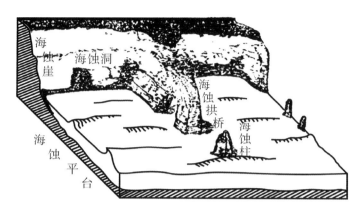

图 2 – 10　基岩海岸的海蚀地貌（据徐茂泉 等，2010）

海蚀崖：随着海蚀作用的持续进行，海蚀凹槽不断扩大，其上的岩石因支撑力减小而不稳定，发生重力崩塌，形成陡峭的崖壁。

海蚀平台：海蚀崖形成后，其基部岩石还继续受海水的剥蚀，又形成新的海蚀凹槽—海蚀崖。如此反复，海蚀崖不断向陆地方向节节后退，在海岸带形成一个向上微凸并向海洋方向微倾斜的平台。而被破坏下来的碎屑物质搬运至水面以下沉积下来形成波筑台。

2）砂（砾）质海岸

砂（砾）质海岸又称堆积海岸，由平原的堆积物质被搬运到海岸边，又经波浪或风改造堆积而成。其特征为组成物质以松散的砂（砾）为主，岸滩较窄而坡度较陡。

砂质海岸的改造是由波浪和潮流引起的，进浪可携带沙粒向海岸方向运动。由于砂质海滩具有较大的渗透性，涨潮时，在海浪的强大冲击作用下，沙砾向上部迁移，使海滩坡度增大；落潮时，海浪的流速降低、携带能力减弱，海水通过沙滩渗流退回海中，沙砾滞留堆积起来（如图 2 – 11所示）。如此周而复始，便在海岸形成"海洋—离岸堤（沙坝）—潟湖"这样一种特殊的三元地貌景观（如图 2 – 12 所示）。

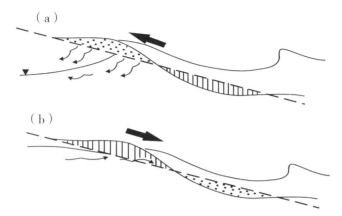

图 2 - 11　砂质海滩涨落潮的冲淤变化（据徐茂泉 等，2010）

（a）涨潮时；（b）落潮时

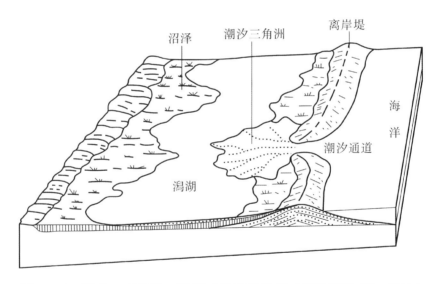

图 2 - 12　海洋—离岸堤—潟湖三元地貌景观（据徐茂泉 等，2010）

3）泥质海岸

泥质海岸又称平原海岸，主要由河流携带入海的大量细颗粒泥沙在潮流与波浪作用下输运、沉积而成。其特征为岸滩物质组成多属黏土、粉砂等，岸线平直、地势平坦。

4）生物海岸

生物海岸包括珊瑚礁海岸和红树林海岸。前者由热带造礁珊瑚虫遗骸聚积而成，后者由红树科植物与淤泥质潮滩组合而成。生物海岸只出现在热带与亚热带地区。

2. 海洋沉积作用及其主要特征

海洋是物质的最终沉积场所，从本质上说，沉积作用是海水地质作用的主要方式，这也是地质历史上海洋沉积物数量很大的原因。海洋沉积物主要来源于大陆，其次是生物、火山物质和宇宙物质。

1）滨海

滨海（有时也叫海岸）的沉积作用主要包括海滩沉积（波切台上、近岸边）、沿岸堤（沙坝、沙嘴）沉积、潮坪沉积、潟湖沉积等，可分为无障壁海岸沉积和有障壁海岸沉积。

（1）无障壁海岸沉积相特征：根据海岸地貌特征，海岸沉积环境可划分为海岸沙丘、后滨、前滨、近滨（临滨）、过渡带和滨外带（如图 2－13 所示），分别具有不同的亚相类型及沉积特征。

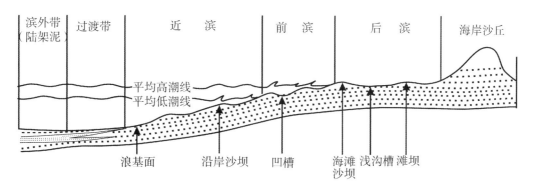

图 2－13 砂质海岸地区沉积环境划分（据徐茂泉 等，2010）

a. 海岸沙丘亚相：风成砂，特大风暴潮最高水位线以上。
沉积物：中细砂。

结构：分选、磨圆好。

构造：大型槽状交错层理，细层倾角陡。

平面形态：长脊形、新月形。

b. 后滨亚相（潮上带）：平均高潮线至海岸沙丘，受不同规模的风暴潮冲刷。

沉积物：中细砂。

结构：分选、磨圆较好。

构造：平行层理、低角度交错层理。

c. 前滨亚相（潮间带）：平均高潮线至平均低潮线，频繁的冲浪冲刷为主，冲洗回流带。

沉积物：中砂。

结构：成熟度较高，跳跃组分为主，常分为两组；上部分选好于下部。

构造：大型低角度交错层理（冲洗交错层理）、平行层理、（不）对称波痕、菱形波痕、冲刷痕、泡沫痕、流痕。

d. 近滨（临滨）亚相：波基面至平均低潮线，经常处于水下，发育沿岸水下沙坝。

沉积物：中砂为主，上粗下细反粒序。

结构：分选较前滨差。

构造：上部，沙坝推进形成较大型板状、槽状交错层理；下部，交错层理变小、变少，过渡为水平层理，生物扰动构造增多。

（2）有障壁海岸沉积相特征：有障壁海岸沉积相主要由下列三部分组成（如图 2 - 14 所示）。

a. 与海岸近于平行的一系列的障壁岛（堡岛链），因对海水的遮拦作用而构成潟湖的屏障。下部为沙坝或沙嘴，上部由海滩、障壁坪、沙丘组成。

岩石类型：中—细砂岩和粉砂岩，分选和圆度较好。

构造：风成厚层楔状和槽状交错层理、冲洗交错层理、不对称波痕和冲蚀痕迹、虫孔。

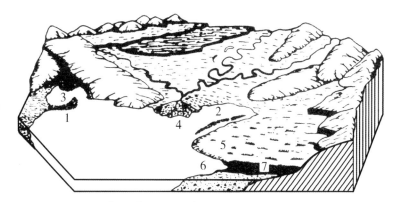

图 2 - 14　滨海带堆积地貌示意（据徐茂泉 等，2010）

1 - 沙嘴；2 - 沙坝；3 - 潟湖；4 - 三角洲；5 - 潮坪；6 - 波筑台；7 - 泥炭堆积

生物特征：原地生物化石较少。

砂体形态：砂体总体呈现平行海岸的狭长带状，长一般几千米至几十千米，宽数百米至数千米，厚数米至数十米。剖面上呈底平顶凸的透镜状。

b. 障壁岛后的潮坪和潟湖，为海岸限制、被障壁岛所遮挡的浅水盆地。它以潮汐通道与广海相通或与广海呈半隔绝状态。

低能环境：沉积物以细粒陆源物质和化学沉积物为主。

盐度变化范围大：障壁岛遮挡，潟湖水体蒸发，淡水注入。

广盐性生物最发育：生物群种属和数量急剧减少；生物个体小，壳变薄。

c. 潮汐水道系统，它连接着岛后潟湖、潮坪与广海，其中包括潮汐通道、潮汐三角洲和冲溢（越）扇。

潮汐通道：类似于曲流河道，其沉积物主要由侧向加积而成。其底部为残留沉积物，通常由贝壳、砾石及其他粗粒沉积物组成，并具侵蚀底面；下部为较粗粒砂组成的深潮道沉积，具双向大型板状交错层理、中型槽状交错层理；上部为中细砂组成的浅潮道沉积，具双向小型到中型槽状交错层理、平行层理及波纹层理。

潮汐三角洲：和潮汐通道密切共生，是由于沿潮汐通道出现的进潮流和退潮流在潮汐口内侧和外侧发生沉积作用而形成的。

冲溢（越）扇：是在风暴期从障壁岛上侵蚀下来的砂质沉积物被搬运到潟湖一侧形成的扇状沉积体。

2）浅海

浅海是海洋中最主要的沉积场所，由于离大陆近，海水较浅，海底起伏小，生物繁茂，陆源物质丰富，所以浅海的碎屑沉积（砾石较少，以砂、粉砂和泥质为主）、化学沉积（碳酸盐、硅质、铝、铁、锰氧化物和氢氧化物、胶磷石和海绿石等）和生物沉积（贝壳灰岩、有孔虫灰岩、硅藻岩等，最常见的是珊瑚礁灰岩）都很发育。

3）半深海、深海带

半深海、深海带的沉积物多为泥质和生物残骸为主的软泥沉积、浊流沉积、海底热液硫化物和锰结核。

第
3
章

野外地质工作基本方法和技能

3.1 野外地质工作常用工具及其使用方法

野外地质工作者常用的工具及试剂有：地质锤、地质罗盘仪、放大镜、5%的稀盐酸、记录簿、地形图、丈绳等。现将这些工具的用途及使用方法介绍如下。

3.1.1 地质锤

地质锤是野外地质工作者常用的工具之一，它是用来敲打岩石的。

因为野外地质工作者的主要任务是观察、鉴定矿物和岩石的组成及岩性，可是岩石在自然界中，在风吹、日晒、雨淋的条件下，表面大多被风化而失去其本来面貌，这就给地质工作者的鉴定工作带来不便。为得到正确的岩石的组成及岩性，就得观察岩石的新鲜面，所以，野外地质工作者在工作时，经常使用地质锤敲开岩石，使岩石露出新鲜面，以便进行观察和鉴定。

另外，由于自然界岩石一般体积规模很大，分析、化验不需要也没必要那么多，只需采集少许标本即可。在采集标本时，也需要用地质锤将岩石敲打成合乎要求的块体。

3.1.2 地质罗盘仪

地质罗盘仪也是野外地质工作者不可缺少的工具之一，它主要有以下几种用途：测量前进方位、测量某目标方向、测量山坡坡度、测量岩层（倾斜岩层）或构造要素面产状。

下面以哈尔滨光学仪器厂生产的 DQY-I 型地质罗盘仪（如图 3-1所示）为例介绍其具体的测量方法。

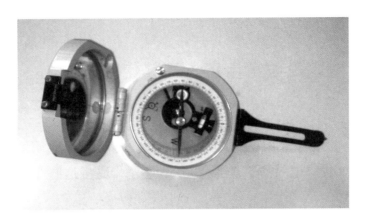

图 3 - 1　DQY - I 型地质罗盘仪

1. 原理与结构

1）原理

地质罗盘仪是利用一个磁性物体（磁针）具有指明子午线的一定方向的特性，配合刻度盘的读数，来确定目标相对于磁子午线的方向的仪器。根据两个选定的位置（或已知的测点）可以测出另一个位置（或未知的测点）目标的位置。

2）结构

地质罗盘仪由上盖与外壳通过连接合页构成仪器主体（如图 3 - 2 所示），上盖内装有反光镜，可使目标映入镜中，外壳的外部装有长水准器，配合小瞄准器，可瞄准目标。

地质罗盘仪外壳内装有刻度盘和磁针，可以直接读出目标的方位值。圆水准器可以指示仪器的水平位置。长水准器和指示盘供测量坡度角用，可以在方向盘的倾角刻度上直接读数。开关为磁针制定机构，在外壳的外面备有磁偏角调整轴。

该仪器具有结构紧凑、体积小、携带方便、精度可靠、性能稳定等特点。

从图 3 - 2 可以看出，地质罗盘仪主要由四部分组成。

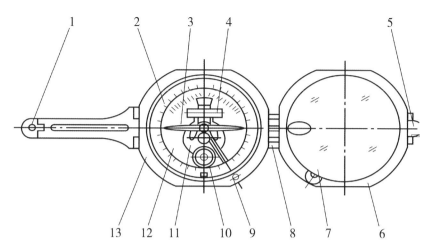

图 3 - 2　DQY - I 型地质罗盘仪结构

1 - 长瞄准器；2 - 刻度盘；3 - 磁针；4 - 长水准器；5 - 小瞄准器；

6 - 上盖；7 - 反光镜；8 - 连接合页；9 - 磁针制定机构；10 - 圆水准器；

11 - 指示盘；12 - 方向盘；13 - 外壳

（1）磁针：为一两端尖的磁性钢针，其中心位置放在底盘中央轴的顶针上，以便灵活地摆动。由于我国位于北半球，磁针两端所受磁力场吸引力不同（磁北针所受的磁力较大），产生磁倾角。为调节磁针的中心位置，使磁针保持水平的平衡状态，也为区分指南针和指北针，在指南针的一端绕上若干圈细铜丝。

（2）刻度盘：有内外两个刻度盘。外刻度盘逆时针刻有 0° ～ 360°，用于测量方位角、岩层（或构造面）走向和倾向；内刻度盘以 E 或 W 为 0°，向两边分别刻至 90°，用于测量岩层（或构造面）倾角和地形坡角。

（3）水准仪：有两个水准仪，圆形水准仪供罗盘调平用，长水准仪供测量岩层（或构造面）倾角和地形坡角用。

（4）瞄准器：为一折叠式照准觇板，供瞄准用。

2. 磁偏角的校正

大家知道，地磁的两极和地理的两极并不重合，我们把地磁子午线和地理子午线之间的夹角称为磁偏角。偏角在地理子午线以东者称为东偏，偏角在地理子午线以西者称为西偏。用罗盘测量的方位是磁方位，只有经过磁偏角的校正，才能获得地理方位，所以，在使用罗盘测量之前，必须进行磁偏角校正。

磁偏角的校正方法是旋动磁偏角调整螺钉，将刻度盘向左（西偏角）或向右（东偏角）转动，使罗盘外壳内侧正北方向上的白色圆点或竖线对准西偏或东偏读数。如北京的磁偏角位为西偏5°50′，则应将罗盘上的方位角刻度盘向逆时针方向转动5°50′；乌鲁木齐的磁偏角位为东偏2°44′，则应将罗盘上的方位角刻度盘向顺时针方向转动2°44′。磁偏角校正后就可以使用罗盘进行测量了。

3. 测量方法

1）测量前进方向

用右手握紧罗盘仪，上盖背向观察者，手臂紧贴身体以减少抖动。打开长瞄准器，使长瞄准器指向前进方向，在使长瞄准器指向保持不变的情况下转动右手，使罗盘仪中圆形水准器的水泡居中，待磁针平稳，磁北针所指示的读数就是我们要测量的前进方向。

2）测量目标方位

（1）当目标在视线（水平线）的上方时，用右手握紧罗盘仪，上盖背向观察者，手臂紧贴身体以减少抖动，打开磁针和长瞄准器，用左手调整反光镜，转动身体，使长瞄准器和目标同时映在反光镜的中心线上，这时再用右手调整罗盘，使罗盘仪中圆形水准器的水泡居中，待磁针平稳后，磁北针所指示的读数就是目标相对于观察者的方位。

（2）当目标在视线（水平线）的下方时，用右手握紧罗盘仪，使反光镜对着观察者，手臂紧贴身体以减少抖动，打开磁针和长瞄准器，用左手调整瞄准器和罗盘上盖，转动身体，使目标和长瞄准器的照准尖同时映入反光镜的椭圆孔中，并为中心线所平分，再调整右手，使罗盘仪中圆形水准器的水泡居中，待磁针平稳后，磁南针所指示的读数就是目标相对于观察者的方位。

3）测量山坡坡度

在山顶和山脚各站一人（最好身高相同），两人同时用罗盘仪进行测量。测量时先将磁针锁住，然后用右手握住仪器外壳和底盘，长瞄准器在观察者一方，将仪器的平面垂直于水平面，柱形水准器居于下方，用左手调整上盖和长瞄准器，使对方的头和长瞄准器上的小孔同时映入反光镜的椭圆孔中，并为中心线所平分，再用右手的中指调整手把，从反光镜中观察柱形水准器，使水泡居中，此时指示盘上的白线在方向盘上的读数即为此山坡的坡度。

4）测量岩层产状

测量倾斜岩层的产状，即测量倾斜岩层的产状三要素：走向、倾向和倾角。（如图 3 - 3 所示）

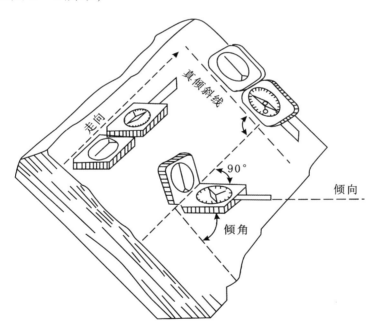

图 3 - 3   岩层产状测量方法示意

走向线是倾斜岩层层面与水平面的交线，即岩层面上任何一条水平线，也是同一岩层面上相同标高两点的连线，走向线所指的方位称为岩层的走向。

层面上与走向线垂直的线称为倾斜线，倾斜线在水平面上的投影称为倾向线（射线），倾向线所指的方位称为岩层的倾向。

倾斜岩层层面与水平面之间的夹角称为岩层的倾角，倾角的变化范围在 $0° \sim 90°$ 之间。

测量岩层的产状时，首先要判断是不是露头、是不是层面，然后根据不同的情况采用不同的方法进行测量。

当岩层平整时，产状测量方法如下（如图 3 - 3 所示）。

（1）测走向：首先将罗盘仪的上盖打开到极限位置，打开磁针，使罗盘仪的长边靠紧岩层的层面上，罗盘仪中圆形水准器的水泡居中，待磁针平稳后，磁北针所指示的读数就是岩层的走向。走向有两个方向，相差 $180°$，所以，测量岩层的走向用罗盘的南针或北针读数均可。

（2）测倾向：先将罗盘仪的上盖紧贴岩层面，打开磁针，调整仪器，使罗盘仪中圆形水准器的水泡居中，待磁针平稳后，磁北针所指示的读数就是岩层的倾向。

（3）测倾角：首先将罗盘仪的上盖打开到极限位置，然后将其长边沿层面的倾斜线紧靠在岩层的层面上，使罗盘仪的平面垂直于岩层层面，调整手把，使柱形水准器的水泡居中，此时指示盘上的白线在方位盘上指示的读数就是岩层倾角的度数。

当岩层层面不平整时，应在远观与岩层层面一致的那部分测量，也可用野外记录簿或硬纸片组成一平面进行测量；当只有下岩层面出露或方便进行测量时，测量方法同上，但测量倾向时读磁南针所指示的读数。

在野外，为了提高效率、减少误差，地质工作者通常只测量岩层的倾向和倾角，走向则由倾向加或减 $90°$ 得到；岩层直立或近直立时，只测走向，不必测倾向和倾角；岩层水平时，倾角为零，不需测量，但岩层近水平而不是水平时，容易产生误差，测量产状时要十分小心。

3.1.3 放大镜

放大镜也是野外地质工作者必备的工具之一。它主要是用来仔细观察矿物和岩石的组成及特征的。

在野外，有些组成岩石的矿物用肉眼观察和鉴定比较困难，借助于放大镜将其放大就可以进行仔细观察，从而得到正确的结论。

使用放大镜时，用右手拿着放大镜，左手拿着标本，同时放在眼前，然后调整放大镜的焦距，调实后就可以观察了。

3.1.4 5%的稀盐酸

5%的稀盐酸是野外地质工作者常用的试剂之一。它主要是用来鉴定用肉眼难以区分的石灰岩和白云岩。

使用方法是：向岩石新鲜面上滴 3 ~ 4 滴 5%的稀盐酸，根据盐酸和岩石反应的剧烈程度进行区分，一般石灰岩反应剧烈、有大量气泡产生，白云质灰岩和灰质白云岩次之，白云岩则基本无反应。

3.1.5 地形图

1. 地形图的概念

地形图是野外地质工作者的向导，它指明了村庄、河流与交通等情况。同时，由于地质图通常是在地形图的基础上编制出来的，所以，地形图也是一切地质工作的基础。另外，因为地壳是由各种岩石组成的，岩石的分布情况受构造控制，又由于岩石抗风化剥蚀能力不同，形成不同的地形、水系的地貌特征，因此，野外分析地形图可以帮助我们粗略地了解某一地区岩层分布与构造情况。

阅读地形图时，首先要了解地形图的比例尺、等高线间距、图幅内地形变化及海拔高度等内容。地形图的比例尺取决于工作的性质和目的，如 1∶250000 区域地质调查使用的是 1∶100000 的地形图作底图。此外，还要了解地形图标示的范围、村庄、道路、山峰、山谷、山脊等情况。

2. 地形图定向

在使用地形图时，首先要确定地形图的方向，只有把地形图上的地形和实地地形对应起来才能正确地读图。常用做法是将罗盘的南北方向（S－N）平行于地形图框的北方向，使它们处于水平状态，再轻轻放松磁针，一起转动地形图和罗盘，直至罗盘北针指向北（N），此时地形图就与实际方位一致了。另一种方法是根据已知标志来确定，当地形图上有与地面相同的标志（如道路），转动地形图，使它们延伸方向一致，地形图的方向就确定了。如果没有明显标志，也可以利用两个山头的连线来确定。

3. 地形图定点

地形图上定点是把观察的地质现象（如矿体、地层界线、构造现象等）表示在图上，以便以后阅读。常用定点方法有如下三种。

1）利用地形地物定点

登高望远，先远后近、先已知后未知。利用沟口、河流拐弯、山峰、山脊鞍部、坡度变化、道路交叉处、村庄、孔桥等地形地物标志确定点位。

2）利用地形地物，配合已知点方位、距离及高程定点

当要定位的地质点的位置不是正好处于上述明显地形、地物附近而有一段距离时，则可采用方位加距离，或方位加高程的方法来辅助定点，即用罗盘测定该点位于明显地形地物的方位（用量角器画在地形图上），距离可通过目测或步测获得，然后在方位线上按比例截取线段，其交点即为所定的地质点；高程测量可借助于常见的地物、已知高程的山头、房屋等进行。

3）后方三点交会法定点

该法多用于地形地物特征不明显时的定点，利用 3 个已知点的方位，用量角器在图上定点。首先，选择附近明显的 3 个已知点（3 个已知点不在同一条线上，并有一定夹角），分别测量观察者位于 3 个已知点的方位，然后在地形图上分别以 3 个已知点为起点，按已测得的方位读数绘出 3 条直线，3 条直线相交于一点，该点即为测量者所在点位；如果 3 条直线不能相交于一点而是构成一个三角形，则三角形的中心即为测量者所在点位。

野外一般以地形地物分析最为常用，究竟选用哪种方法定点，应结合当时当地具体情况进行操作，为了使点的位置标定正确，应尽量结合上述三种方法互相印证，以达到准确定点的目的，并做到每时每刻都明确自己所在的位置。

3.2　地质素描图及信手剖面图的绘制

3.2.1　野外地质素描图的绘制

野外地质素描图是从地质观点出发，运用透视原理和绘画技巧来表达野外地质现象或地质作用的图画。野外勾绘地质素描图，通常是在观察过程中进行的，往往要求地质工作者在较短的时间内完成，一般就在自己的野外记录簿上用铅笔勾画，由于经常是用单色勾画，又没有精工细作，故又称为地质素描草图。

1. 地质素描图的优越性

和地质摄影相比，地质素描图有很多优点，首先，地质素描不受天气、取景范围、取景距离、制作成本等因素限制；其次，对野外景致可以作适当取舍，当我们分析野外某些地质现象时，哪些特征应该强调、哪些附属物或邻近的草木对地质现象有干扰应当排除，若采用地质摄影则无法做到，而采用地质素描技术则完全可以根据观察者的需要对各种地质现象特征和附近的景物作随意的取舍；最后，充分利用地质素描图，既有助于揭示和说明问题的现象和本质，又可以省略一些不必要的文字叙述，做到图文并茂、言简意赅，效果更佳。（如图 3 - 4 所示）

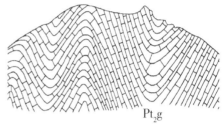

图 3 - 4　某地褶皱摄影与褶皱素描对比（据邓国庆，2009）

根据其内容，常见地质素描可分为如下几种类型。

（1）地层素描：素描的对象是地层，重点突出地层层位关系、地层特征等。

（2）地质构造素描：素描的对象是地质构造，如褶皱素描、断层素描、节理素描等，重点突出岩层的变形特征等。

（3）地貌素描：素描的对象是地形地貌，如山川、河流、地上特殊标志物等，重点突出地形的起伏变化及其外形轮廓等。

2. 地质素描图绘制的基本步骤

1）确定图名与素描范围

当观察到有地质现象需要素描时，首先要确定勾画的内容及其要表达的中心内容，在此基础上给要勾画的素描图起一个名称，名称里面可包括地点、地质现象及其主要特征，比如，"英管岭村头侏罗系不对称背斜素描图"。然后要确定范围，根据要表述的地质现象的完整性及其核心特征来定，比如要勾画褶皱素描图时，一定要包括褶皱的两翼及组成地层、褶皱的轴面、枢纽等组成要素，确定断层素描的范围时要包括完整的上盘和下盘、两盘组成的地层、断层面等基本组成要素。常用确定素描图范围的方法是，两手的食指与拇指伸直，形成垂直的"八"字形，然后两手的"八"字对扣，构成一取景框（如图 3-5 所示）。

图 3-5　四指取景框示意

2）确定素描对象的方位

用罗盘在垂直于视线的方向测出方位，即为素描图的方位。

3）确定素描的比例尺

首先，在确定要素描的实物的范围后，目测或测量其大致尺度；然后，确定记录簿上素描图的图幅大小；最后，根据二者之间的相对大小关系确定比例尺，一般是将图幅尺度作为分子、将实物的尺度作为分母，二者相除得一分子为 1 的分数即为素描的比例尺，尽可能使分母为整数、10 的 n 次方或 10 的整倍数。

4）确定实物的位置

安排主要对象和次要对象的大小比例关系及其相对位置关系，并将其合理安排在图幅内恰当的位置。

5）确定、勾画素描对象的轮廓

按照透视原理，利用不同线条勾画出实物各部分形状及其明暗程度完成素描图的大致轮廓，如山脊、陡崖、河流、阶地、层面、断层之类。先将视野内要勾画的实物看成一幅"平面的画"，勾画时遵循"先大后小、先近后远、先整体后局部"的"三先三后"原则，重点突出地质概念，淡化或略去不必要的内容。具体操作时要分别注意如下几点。

（1）褶皱素描：在动笔素描之前，找出标志层及其岩性特征，并考虑好如何运用素描技法；素描时对标志层及其岩性特征着重描绘，以求把褶皱的形态及其组成岩层充分显示出来。

（2）断层素描：跟褶皱素描一样，在动笔素描之前，找出它的标志层及其岩性特征，对这个标志层及其岩性特征着重描绘，以求把断层的形态、两盘的相对运动方向以及伴生小构造充分显示出来。

（3）节理素描：主要要将几组不同方向的节理表现清楚，按照实际大小和透视原理巧妙处理各组节理间的交角和节理的宽度。

（4）地貌素描：地貌素描是一类视野很大的素描，从地质角度考虑，主要表现地貌特征和岩石性质、地质构造的关系，或表现风化、水流侵蚀以及冰川、火山、地震等地质作用与地貌的关系。

6）添加适当的衬托

首先在轮廓线勾画就绪的基础上添加一些阴影线，用以使景物更加形象、逼真和有立体感；然后再适当画些背景和衬托物，用以美化画面。

7）添加标注符号

为使画面内容的表达更加清楚，还需添加一些标注符号，如地层代号的符号、地层产状、村庄或其他特殊标志物的位置与名称、必要的文字以及其他符号等。

总之，野外地质素描是将野外看到的典型地质现象用一幅小型画面的形式表示出来。素描图的制作是野外地质工作者所应具备的基本技能，既要符合绘画的基本原理，又要把典型地质内容突出表现出来。

3.2.2　野外信手剖面图的绘制

1. 信手剖面图的概念

信手剖面图是野外地质工作者表示所经过路线地质现象的剖面图，它综合表现野外地质工作者所经过路线地表以下的地质情况，包括地层、构造、火成岩、地形起伏、实物名称等内容，是一种综合性的图件。野外地质工作者如果横穿构造线走向或顺地层倾向方向进行综合地质观察，就要绘好路线信手地质剖面图，这是野外地质工作者的一项重要的基本功，必须掌握。

路线信手地质剖面图中的地形起伏轮廓、各种地质体的大小和相互之间的距离都是目测的，各种地质体的产状则是实测的。不论是目测还是实测，绘图时都应力求准确，并基本正确地反映实际地质情况。

信手地质剖面图中的内容不仅包括图名、剖面方向、剖面比例尺（一般要求水平比例尺和垂直比例尺一致）、地形轮廓、地层的层序、位置、代号、产状、岩体符号、岩体出露位置、岩性等，也包括地质构造（包括断层、褶皱、节理等）的位置、性质、产状，还包括实物名称等。

2. 野外信手剖面图绘制的步骤

信手地质剖面图的具体绘制步骤如下。

（1）估计路线总长度，选择作图的比例尺，使剖面图的长度尽量控制在记录簿的长度以内（如果路线较长、地质内容复杂，剖面可以绘制长一些)。

（2）绘制地形剖面图，目测水平距离和地形转折点的高度差，准确判断山坡坡度、山体大小，勾画出地形轮廓线。

（3）在地形剖面的相应点上标注实测的层面、断层面及其产状，勾画出各地层分解面及断层面的位置、倾向和倾角，在相应的位置勾画出岩体的位置和形态，相应层用线条连接以反映褶皱的存在和横剖面的特征。

（4）标注地层、岩体的岩性花纹、断层的动向、地层和岩体的代号、化石产地、取样位置等。

（5）写图名、比例尺、剖面方向、地物名称以及某些特殊说明。

从作图技巧方面来讲，要力求做到"三个准确"，即地形剖面轮廓准确，标志层和重要地质界线（如断层、岩体、煤系地层等）的位置准确，岩层产状准确。此外，还要做到线条花纹要细致、均匀、美观，字体要工整，各项标注的布局要合理。如图 3－6 所示为王家湾—伯祥中志留统（S_2）—二叠系（P）信手剖面图。

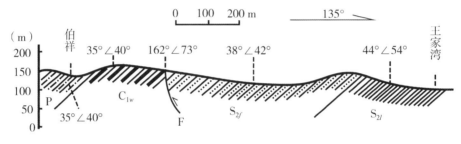

图 3－6　王家湾—伯祥中志留统（S_2）—二叠系（P）信手剖面图

3.3　野外记录簿的使用

3.3.1　野外记录簿的构成和使用

野外工作记录簿（简称野外记录簿或野簿）是由相关部门专门提供的只为做野外作业时使用的记录簿，是被规定用来承载野外地质工作原始资料的重要载体，是地质工作一切认识和成果的基础，也是国家的保密资料，应认真对待。

野外记录的质量直接关系到地质工作成果的质量，也直接反映地质工作人员的科学态度和工作作风，同时，地质工作人员有责任将观察到的各种地质现象客观、准确、清楚、系统地记录在专用的野外记录簿上。

野外记录簿要求用"2H"铅笔书写，不得用钢笔或其他笔类记录。

在野外记录过程中，要求地质工作者首先仔细观察，再作记录，做到边观察、边测量、边记录，部分少记或记录不完整的，回到室内应凭印象尽快补上。记录簿不得涂改、缺页，更不能遗失。

野外记录簿有 50 页本和 100 页本两种规格，其内封皮是责任栏目，每一本野外记录簿在开始使用之前都应按要求准确无误地填写内封皮上的各个栏目，既明确使用者的责任，同时也可为查找提供方便。

野外记录簿的第一、第二页为目录页，通常随野外工作的进展，边记录边编写目录，也可在该记录簿使用完毕后一次性编写；第 3 页至第 50 页或第 100 页为记录页，用以记录野外地质现象；簿尾附有常用的三角函数表、计算公式和倾角换算表。

记录页分为左页和右页，左页是方格纸，用来绘制素描图或信手剖面图，以配合文字描述反映观察到的地质现象；右页的横格为文字描述页，用于文字记录。文字描述页有四个功能区。

（1）页眉区：位于文字描述页上方，用于记录工作当天的地点、日期和天气情况。

（2）左批注栏：位于文字描述页左侧的竖直通栏，常用于编录当日目录或注释。

（3）文字记录栏：位于文字描述页中部，记录描述性正文。

（4）右批注栏：位于文字描述页右侧的竖直通栏，专用于补充、修改或更正描述正文之用。

野外记录簿在项目结束后，应及时上缴档案部门妥善保管。

3.3.2 野外编录方式

地质工作项目常涉及很大的范围、很长的工作期限，有时还会有多个作业组合作完成。因此，在一项野外地质工作进行之初，首先应当制订完善的野外地质编录规划和野外地质编码分配方案，以保证全部野外地质记录的完整、清晰和有序，避免因事后发现野外记录、编录混乱而出现不应有的麻烦。

在野外地质工作中，需要进行统一编录的类别很多，比较常用的类别有野外作业种类编录（如路线、地质点、剖面等）、采集样品类编录（如化石、岩石、矿物等）、分析样品类编录（如岩石薄片样、光片样、化学分析样、重砂样等）。

目前，国家没有野外地质编录规范，地质工作者常常根据工作的性质、地点及样品类别自由编录（但要求同一个项目有统一的编录方式）。编录方法是采用编码名称汉字拼音（或英文单词）的第一个字母的大写表示类别，以阿拉伯数字或罗马数字符号为序号，如地质点的编码代号为"D/No"，地质剖面的编码代号为"P"，化学分析样品的编码代号为"Ha"，重砂分析样品的编码代号为"Zh"。常用编码代号如表3-1所示。

表3-1 常用编码代号

编码类别	编码代号	编码注释
路线	L1	第一条观察路线
地质地点	D011	第十一个地质点
地质剖面	PⅠ	第一号地质剖面
化石	H-PⅡ-1-3	第二号地质剖面第一层第三块化石标本
矿物	K-PⅡ-2-6	第二号地质剖面第二层第六块矿物标本
岩石	Y-PⅡ-8	第二号地质剖面第八块岩石标本
岩石薄片	B-PⅡ-8	第二号地质剖面第八个岩石薄片鉴定样
化学薄片	Ha-PⅡ-8	第二号地质剖面第八个化学分析样
重砂分析	Zh-PⅡ-8	第二号地质剖面第八个重砂分析样

3.3.3　文字记录格式

野外记录簿上的文字记录是野外地质工作记录的原始资料。为便于归档和后人查阅，野外记录簿的记录需要遵循一定的格式。常用野外记录簿记录格式如下。

1. 文字记录的开启部分

（1）每天的野外作业开始前，应当在当日记录的首页页眉区填写当日的日期、天气状况及作业地点。

（2）在文字描述区第一行依次写明路线号、路线编码号、路线或剖面名称。

（3）另起一行写明路线或剖面经过的主要地点，这里的地点一般应当是地形图上已经被标出或被很多人知道、再次亲临现场很容易找到的地点。

（4）另起一行写明参与工作的人员及其主要责任。

（5）另起一行记录当日野外作业的主要任务。

2. 定点描述内容

观察点是野外进行详细观察的地点。文字描述的要点包括如下几点。

（1）点号：另起一行，在行内居中画一个长方形框，框内记录地质点号。

（2）点位：另起一行，简述该点周邻主要标志物。

（3）定义：另起一行，简述该点观察的地质意义。

（4）观察内容：另起一行，将该地质点（或沿途）所观察到的地质现象客观、准确、清楚地记录在野外记录簿上，然后在左页勾画地质素描图（或信手剖面图）。

3. 各类数据格式

各类实测的产状数据、野外发现的生物化石以及采集的标本编号都要记录，可另起一行记录，也可记录在右侧的批注栏内。

4. 补充与修正

野外记录在离开记录的地质点后，原则上是不能涂改的。如若在后来的室内工作中有新的发现，可对野外记录簿进行补充或修正，补充或修正的内容可批注在左侧或右侧的批注栏内。

3.3.4　室内整理

回到基地以后，应当及时对野外收集的原始记录进行室内整理。整理的任务是补充因为天气的突然变化没有来得及记录的部分内容，查找是否有漏记、错记，及时补充和修正。注意，室内整理时补充和修正的内容只能记在左侧或右侧的批注栏内，并注明"补充"或"修正"，不得与描述正文混淆。

室内整理的另一项任务就是把野外记录簿上记录的产状、标本、岩层厚度等数据记录和地质素描图上墨。上墨的方法是用绘图笔沾绘图墨水或直接用碳素墨水笔按野外的铅笔线条逐一填写或色绘，以便永久保存。

3.4　野外地质标本的采集与整理

3.4.1　地质标本采集的目的和意义

野外广阔的岩石露头为我们展示了丰富的地质现象。然而，很多地质现象需要进一步的室内工作才能更深入地弄清地质过程的实质，因此，地质标本的采集成为连接野外地质工作和室内地质工作的极为重要的一个中间环节。能否采集到具有代表性的标本，是下一步室内地质工作能否取得准确成果的重要前提，特别是需要测试结果的样品。

野外工作期间，由于受到时间、气候、条件、野外工作人员知识水平的限制，尚有许多地质现象在野外用肉眼观察不到，需要尽可能采集成标本，供室内做进一步的分析和鉴定。地质标本是非常重要的实际资料，采集时应依据不同的目的和用途，按照要求采集到相应类型的地质标本（如矿物标本、岩石标本、古生物标本等）。

3.4.2　标本种类和合适标本的选择

地质标本的种类很多，按照研究目的的不同可分为观赏性标本和鉴定分析性标本。观赏性标本的目的是展示肉眼可以看得见的代表性岩石、矿物、化石及构造等地质现象；鉴定分析性标本的目的是为了下一步室内的进一步研究、鉴定或分析测试。

野外采集标本有两个主要原则。

（1）对于鉴定分析性标本，强调采集标本的代表性，并一定是从新鲜的、未受风化的地质体上敲打下来（有特殊要求的还要特殊对待）。

采集岩石标本需要注意其系统性、代表性和数量，同时对不同岩石标本也应区别对待。一般岩浆岩要按岩相带采集有代表性的岩石，火山岩则应按其韵律及岩性进行系统采集，沉积岩按其层序特征采集有代表性的岩石，变质岩应依据变质程度而系统采集；分析测试标本除要求其有代表性外，还要求标本的大小、规格能满足室内分析测试的需要。

（2）对于在野外发现的、重要的、经典的或珍贵的地质现象和地质作用的产物作标本，采集作业时要求有一定的完整性。

3.4.3　野外采集地质标本的基本方法

一般野外采集地质标本都要使用地质锤，有些情况下可能还需要借助于钢钎或切割机。采集标本时要选择合适的打击面，否则不仅打不下标本，还容易使标本遭受破坏。

无论是观赏性标本还是鉴定分析性标本，采集前均应对其原始产出状态、产出层位进行野外描述和记录，必要时进行照相或素描，以免采集过程中因遭到破坏而使某些现象无法恢复。

古生物化石标本采集时应尽可能地沿层理面敲打和剥离，因古生物死亡后一般沿层理面保存，沿层理面敲打和剥离可尽量使其保存完整。

3.4.4 标本规格、原始数据记录、标本包装和运输

所采集标本的大小因研究目的的不同而有所区别。观赏性标本因观赏现象规模大小不同，其规格可相差很大；化石标本以尽可能完整为原则，没有确定的规格；岩石标本的规格以方便手持标本进行观察为原则，打成长×宽×高为 9 cm×6 cm×3 cm。

采集的标本应当立即按规定的编码和分配的序号进行现场编号，并用记号笔标写其上，也可写在标签上，再将标签贴在标本上。同时，在野外记录簿上做必要的记录。

标本的包装应以能保证标本完好无损为前提，可用具有韧性和柔性的绵纸或纸箱。

包装好的标本要进行托运，最好用木箱或纸箱，箱内应减少空隙，以免晃动磨损，还要注意不要使箱子散架。

第  章

大鹏半岛国家地质公园自然地理与地质背景

4.1　自然地理背景

深圳大鹏半岛国家地质公园位于广东省深圳市大鹏半岛东南部,东临大亚湾,西与香港特别行政区隔大鹏湾相望,南邻中国南海,三面环海。她西起跌幅村,东至海柴角,北始王母圳,南到怪岩,地理坐标为北纬22°29′31″～22°33′21″,东经114°31′14″～114°37′22″,海拔高度50.0～869.7 m,面积约46.07 km²,行政上隶属于深圳市大鹏新区管辖,包括大鹏、南澳、葵涌三个办事处。

前人研究资料显示,大鹏半岛属于亚热带海洋性季风气候,光照充足,热量丰富,降雨充沛,空气湿润,无霜期年平均355天。全年可分干、湿两季,干季短,湿季长。年平均气温21～22 ℃,最冷的1月份平均气温15.2 ℃,最热的7月份平均气温27.9 ℃,年降雨量在2 280 mm左右,降雨主要出现在4—9月,具有雨热同季的特征。

大鹏半岛的风向、风速以偏东风盛行,有明显的季节性变化:夏季以东南风为主,冬季以东北风为主。大鹏湾内冬半年多吹NNE风,平均风速6.0～9.0 m/s,最大可达15.0～27.0 m/s;夏半年多吹ESE-SW风,平均风速2.0～30.1 m/s,最大可达16.5～30.9 m/s。台风侵袭期间,湾内外最大风速大于40 m/s。总体而言,大鹏半岛整体气候温和,四季均适宜旅游。

4.2　地层组成及其主要特征

前人研究结果显示,深圳地层区划属于华南地层区东江分区(如图4-1所示),自下而上分别是中—新元古界,上古生界主要为泥盆系中—

上统、石炭系、中生界三叠系上统、侏罗系—白垩系以及新生界，公园区主要发育的是泥盆系中—上统、侏罗系—白垩系火山岩系及零散堆积的第四系。

1. 泥盆系中—上统鼎湖山群

主要分布在研究区东北部，属于陆相—浅海相碎屑岩，厚层状，黄褐色、灰白色，岩性有石英质砾岩、沙砾岩、石英粗砂岩、含砾粗砂岩、中粒石英砂岩、石英粉砂岩、砂质泥岩等。

侏罗系—白垩系是公园区分布的主要地层，以火山岩系为主，2009年出版的《深圳地质》总结了此前多家研究成果，自下而上将其划分为侏罗系上统梧桐山组和侏罗系上统—白垩系下统七娘山组。

2. 上侏罗统梧桐山组

2009—2010年，深圳市勘察测绘院、深圳市地质学会等在前人资料的基础上，对深圳大鹏半岛国家地质公园开展了古火山地质遗迹调查及中生代火山岩研究，通过综合运用野外重点地质路线观察、测制火山岩地层路线剖面、卫星图像和航片进行古火山地质地貌景观解译、对岩石样品进行锆石同位素激光定年测试、锆石微量元素 LA – ICP – MS 分析、火山岩石标本显微镜薄片鉴定等资料以及区域地层的对比情况，将梧桐山组的时代确定为晚侏罗世，并进一步将梧桐山组划分为两个韵律（如图 4 – 2 所示）。

系	统	群	段	代号	柱状图	厚度/m	岩 性 描 述
第四系				Q		>10	主要为冲积、洪积、潟湖、海相沉积；冲积物主要为砾、砂、砂质黏土及淤泥等
白垩系	下统	官草湖群		K_{1G_c}		211	紫红色厚层火山岩质砂砾岩，下部夹一层厚24 m的绿色蚀变流纹斑岩；上部夹灰绿色厚层粉砂岩，以喷发角度不整合方式覆盖于七娘山组之上
白垩系—侏罗系		七娘山组		$J-K_q$		2560	为一套酸性为主的火山岩建造：上部由同源和异源火山集块(角砾)岩、熔结角砾岩凝灰岩、熔结凝灰岩、球粒流纹岩组成；中部由凝灰岩、火山角砾岩、流纹岩含火山角砾晶屑凝灰岩、气孔状流纹岩、球粒流纹岩、石泡流纹岩、流纹质同源集块(角砾)熔岩组成；下部由英安质、流纹英安质含火山角砾凝灰岩、流纹岩、多斑流纹岩、球粒流纹岩、霏细岩组成。七娘山组可以划分出5个韵律层，总厚2560 m；以喷发角度不整合方式覆盖于梧桐山组之上；锆石激光定年(146.2±2.9)Ma、(145.4±1.7)Ma，(139.1±1.4)Ma
侏罗系	上统	梧桐山组		J_w		2071	为一套火山碎屑粒度较小，具有特征结构构造的酸性火山岩建造，主要由英安流纹质、流纹质火山凝灰岩、火山角砾(或含集块)、凝熔岩、角砾熔岩、流纹岩、石泡流纹岩、球粒流纹岩组成。梧桐山组可以划分出3个韵律层，总厚2071 m，以喷发角度不整合方式覆盖于吉岭湾组之上，锆石激光定年为(145.6±2)Ma、(144.4±2)Ma，(141.9±2)Ma
侏罗系	中统	吉岭湾组		J_{jl}		1800	为一套含有异源火山集块岩(或同源集块)为特点的中酸性～酸性火山岩建造，上部流纹质含集块火山角砾岩、凝灰岩、球粒流纹岩、流纹质凝灰熔岩；下部为英安质、流纹英安质含集块火山角砾岩、英安岩。吉岭安组可以划分出4个韵律层，总厚度1800 m，以喷发角度不整合方式覆盖于塘厦组之上，锆石激光定年为(156.9±2)Ma、(165.8±2.9)Ma，(152±12)Ma
侏罗系	中下统	塘厦组		J_t		>240	上部灰色厚层石英砂岩夹紫红色砂质泥岩、长石石英砂岩；下部青灰色薄层粉砂岩、细粒石英砂岩、夹炭质页岩；总厚度240 m，在大甲岛西北海边出露次花岗闪长岩
侏罗系	下统	桥源组		J_q		600	以紫红色砂岩、粉砂岩为主，夹凝灰质粉砂岩、炭质泥岩、凝灰质砂岩；产植物化石，厚600 m
侏罗系	下统	金鸡组		J_j		600	上部紫红色粉砂质泥岩、粉砂岩、泥质页岩；下部灰白色砂砾岩、含砾石英砂岩、复矿砂岩夹炭质页岩，含双壳类、菊石化石
石炭系		大湖组		C_d		270	上部粉砂、泥岩夹少量砂岩；中部石英砂岩、泥质粉砂岩夹紫红色砂质页岩；底部为砾石石英砂岩，含植物、介形虫化石
泥盆系	上统	双头群		D_{sh}		900	中细粒石英砂岩、长石石英砂岩夹薄层含炭质页岩及泥质粉砂岩；上部夹透辉石石英页岩(原岩为钙质砂岩、泥灰岩)；底部为复成分砾岩
泥盆系	中统	鼎湖山群		D_{1Dh}		>432	厚层状石英砂砾岩、石英粗砂岩、砂砾岩、含砾粗砂岩、中粒石英砂岩、石英粉砂岩夹粉砂质泥岩

图 4-1　深圳大鹏半岛国家地质公园地层综合柱状图

地层	旋回	韵律	岩相	岩　　性	厚度/m	年龄/Ma
下白垩统	官草湖群			紫红色厚层火山岩质砂砾岩,下部夹一层厚约24 m的浅灰绿色蚀变流纹斑岩,上部夹灰绿色厚层粉砂岩	>145	
下白垩统—上侏罗统	七娘山组	上旋回	第五韵律层 溢流相	灰白色流纹斑岩	30	
			第五韵律层 爆发相	弱熔结凝灰岩	120	139.1
			第四韵律层 溢流相	球粒流纹斑岩	195	
			第四韵律层 爆发相	熔结角砾凝灰岩、含黑曜岩岩屑火山集块（角砾）岩,含黑曜岩集块火山角砾岩、杂色"沉凝灰岩"、熔结凝灰岩、斑状流纹岩、含黑曜岩火山角砾（集块）凝灰岩,大甲岛含黑曜岩集块火山角砾岩中产硅化木	160	146.3
			第三韵律层 溢流相	流纹岩、球粒流纹岩、石泡流纹岩	160	
			第三韵律层 爆发-溢流相	含火山角砾晶屑凝灰熔岩	200	
			第三韵律层 爆发相	含火山角砾凝灰熔岩	185	
			第二韵律层 溢流相	流纹岩	205	
			第二韵律层 爆发-溢流相	含火山角砾岩屑晶屑凝灰熔岩	190	
			第二韵律层 爆发相	含火山角砾凝灰岩	295	
			第一韵律层 通道相	含火山集块（角砾）多斑流纹岩、气孔状球粒流纹岩	>300	
			第一韵律层 溢流相	（球粒）流纹岩	265	
			第一韵律层 爆发相	含火山集块（角砾）岩、含火山角砾凝灰岩	285	146.2
上侏罗统	梧桐山组	下旋回	第二韵律层 溢流相	（球粒）流纹岩、石泡流纹岩、流纹岩	>275	
			第二韵律层 爆发相	含火山角砾凝灰岩、流纹质熔结凝灰岩、流纹质玻屑凝灰岩	>710	
			第一韵律层 爆发-溢流相	角砾少斑珍珠岩、流纹岩、晶屑凝灰岩、块状流纹斑岩	>441	
			第一韵律层 爆发相	火山角砾凝灰岩、流纹质晶屑凝灰岩、玻屑凝灰岩、浆屑凝灰岩	>241	

图 4 - 2　大鹏半岛国家地质公园中生代火山岩层序划分（据梅村 等，2011）

3. 上侏罗统—早白垩世七娘山组

主要由火山集块岩、火山角砾凝灰岩、火山熔结凝灰岩、球粒流纹岩等组成，最大厚度约 2560 m，以喷发角度不整合覆盖在梧桐山组上段之上。2009—2010 年，深圳市勘察测绘院、深圳市地质学会等在对深圳大鹏半岛国家地质公园古火山地质遗迹调查及中生代火山岩研究中，通过综合分析和运用前人有关地质、地球化学、同位素年龄等资料，将七娘山组时代归属于晚侏罗世晚期—早白垩世早期，并进一步将其划分为五个韵律（如图 4 - 2 所示）。

4.3 地质构造及地质演化过程

4.3.1 地质构造

前人研究结果显示，深圳地层区划属于华南褶皱系，受海西运动，印支运动，特别是中生代时期燕山运动和岩浆活动的强烈影响，形成多期地质构造成分互相叠加的复杂构造格局。其中，晚三叠世以来，由于欧亚板块与太平洋板块的相互作用，形成一系列 NE 和 NW 走向的断裂和与其伴生的断陷盆地（如图 4－3 所示），堆积了大套相当厚的盆地型沉积和沉积—火山岩系。

4.3.2 地质演化过程

前人研究结果显示，对公园区现今地质地貌景观具有决定性意义的地质作用应该是始于中生代燕山运动及其以后的喜马拉雅运动，其过程大致是：

侏罗纪开始，在板块运动的远程作用下，大鹏半岛及其邻区发生燕山运动，其活动特点是发生 NE 向为主的断裂活动，与此同时伴随有火山喷发和岩浆侵入活动，自早侏罗世到晚白垩世，这种运动先后发生三幕（J_{2-3}/J_1、K_1/J_{2-3}、K_2/K_1）。

新生代发生的喜马拉雅运动以差异性隆升为主。古近纪地壳运动主要方式为造陆型断块运动，不仅老的断裂构造复活，而且产生许多高角度正断层，大鹏半岛断隆—断陷相间排列的构造格局基本形成；全新世（12000～7500 aBP）海水迅速上升并达到现代海平面的最高海面（高出

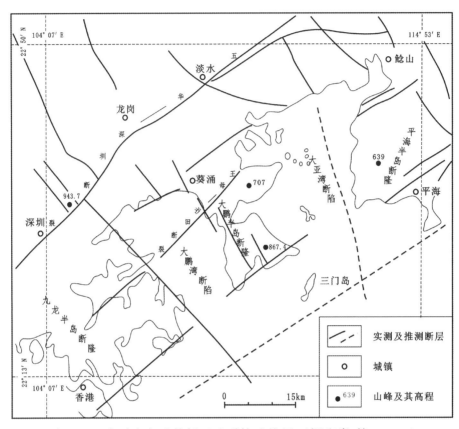

图4-3 大鹏半岛及其邻区地质构造格局（据张嵩 等，2013）

现在海面2 m以上），在沿岸海边海水强烈的冲击、溶蚀等作用下，海岸地貌开始发育；中晚全新世以来，海水逐渐下降，现今地质地貌景观最终形成（如图4-4所示）。

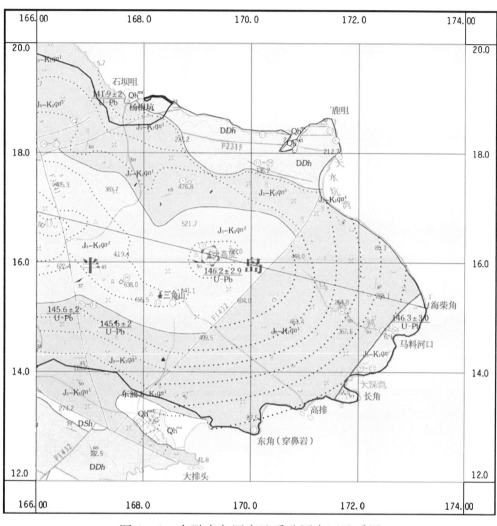

图 4 - 4　大鹏半岛国家地质公园东区地质图

第5章

野外地质实习路线及观察内容

5.1　珠海三灶机场路线（节理与花岗岩结构构造）

5.1.1　点位

位于珠海三灶机场南部约 2 km 公路边。

地理坐标：东经 113°23′44″；

北纬 22°42′20″；

海拔 20 m。

5.1.2　地质背景

伟晶岩脉：肉红色，株状产出，岩石由石英、钾长石、云母组成。前人鉴定：石英 30%（±）、钾长石 37%（±）、斜长石 30%（±）、黑云母 5%～8%，片状，棕黑色，定名为黑云母二长花岗岩。石英白色、半透明、晶形不佳。钾长石肉红色—浅红色，板状晶，节理发育。（如图 5-1 所示）

图 5-1　花岗伟晶岩结构构造特征（蔡周荣 摄，2012）

该黑云母二长花岗岩形成于燕山旋回，喜马拉雅运动晚期（中更新世末期—晚更新世早期）受改造发生节理。（如图5-2所示）

图5-2　花岗伟晶岩节理（蔡周荣 摄，2012）

5.1.3　观察内容

（1）观察花岗伟晶岩矿物组成、主要矿物晶体形态特征。
（2）观察花岗伟晶岩的结构与构造特征。
（3）观察节理及其配套特征。
（4）练习罗盘使用方法，测量节理产状。
（5）练习野外地质素描基本做法。

5.1.4　实习要求

（1）事先复习岩浆岩的基本知识、节理的基本知识。
（2）学习、练习罗盘使用方法，测量节理产状，作素描图。
（3）在教师带领下，认真观察花岗岩矿物组成及其结构构造特征，并将其作素描图，记录下来。
（4）在教师带领下，认真观察节理的分期与配套，并将其作素描图，记录下来。

5.2 深圳凤凰山路线（古海蚀作用地貌）

5.2.1 点位

位于深圳凤凰山半山腰、山顶。

地理坐标：东经 113°80′58″；

北纬 22°40′23″；

海拔 197 m。

5.2.2 地质背景

燕山期形成的花岗岩于后期遭受构造运动改造发生破裂，再遭受强烈海蚀作用，发生球状风化，形成石蛋群、石蛋峡等古海蚀地貌。（如图5 – 3 所示）

图 5 – 3 凤凰山石蛋峡（蔡周荣 摄，2012）

在遭受风化作用后的岩体表面，花岗岩的矿物组成、结构构造特征清晰呈现。（如图 5 – 4 所示）

图 5 – 4 花岗岩矿物组成、结构构造特征（蔡周荣 摄，2012）

5.2.3 观察内容

（1）观察古海蚀作用地貌（球状风化、石蛋群）的宏观特征。
（2）观察花岗岩矿物组成特征。

5.2.4 实习要求

（1）观察海蚀作用地质现象，分析其形成机理。
（2）观察分析不同矿物成分及其抗海蚀能力、矿物在海蚀作用中的风化顺序。
（3）练习作素描图，将典型地质现象作素描图，记录下来。

5.3　深圳内伶仃岛路线（变质岩与变质构造）

5.3.1　点位

位于深圳内伶仃岛管理处后山。

地理坐标：东经 113°48′21″；

北纬 22°24′34″；

海拔 289 m。

5.3.2　地质背景

混合花岗岩中普遍可见变质石英砂岩、片岩、片麻岩、石英岩和条带状混合岩残留体。残留体大小不一，自数立方厘米至数百立方米不等；残留体与主题岩石界线有的清楚，有的呈渐变过渡，有的呈残影体。（如图 5 - 5、图 5 - 6 所示）

图 5 - 5　内伶仃岛混合花岗岩岩体中的残留体（蔡周荣 摄，2012）

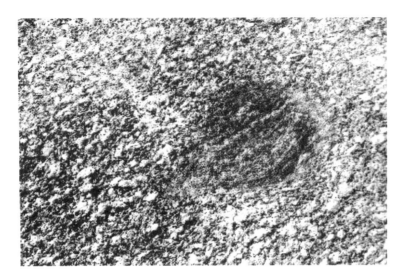

图 5-6　内伶仃岛混合花岗岩岩体中的残影体（蔡周荣 摄，2012）

　　在内伶仃岛岩体中，各种残留体和残影体清晰可见，残留体和残影体显示该区至少经过 3 次混合演化作用。

5.3.3　观察内容

　　（1）观察混合花岗岩的矿物组成。
　　（2）观察混合花岗岩中的条带状构造（矿物晶体形态与排列方式）。
　　（3）观察混合花岗岩中的残留体与残影体。

5.3.4　实习要求

　　（1）事先复习变质岩、变质岩结构构造的基本知识。
　　（2）在教师带领下，认真观察混合花岗岩的矿物组成、矿物晶体形态与排列方式、残留体与残影体特征，分析其形成原理、地质意义及形成方式，将其有趣的地质现象记录下来并作素描图。

5.4 深圳英管岭路线（褶皱构造与古生物化石）

5.4.1 点位

位于深圳南澳街道北西约 1500 m 处，英管岭山麓。

地理坐标：东经 114°29′56″；

北纬 22°33′19″；

海拔 3 m。

5.4.2 地质背景

侏罗系砂岩（翼部）、泥岩（核部）在喜马拉雅运动期间遭受挤压形成褶皱。

英管岭是早侏罗世化石埋藏地，在灰黑色的泥质粉砂岩中保存了大量的蕨类化石，经中国科学院南京古生物研究所鉴定为本内苏铁目。本内苏铁目亦被称为"中生代有花植物"，是已灭绝而在中生代分布很广的一类植物。

本次发现的深圳本内苏铁目赋存在下侏罗统金鸡组，与其伴生的植物也比较丰富。（如图 5-7、图 5-8 所示）

该化石点的发现可以为广东省中生代早侏罗世的植物化石组合面貌及其所反映的早侏罗世海侵达深圳和广东大陆提供依据，为古环境、古气候及古生态等的科学研究提供有力的依据。

图 5 – 7　英管岭背斜剖面特征（蔡周荣 摄，2012）

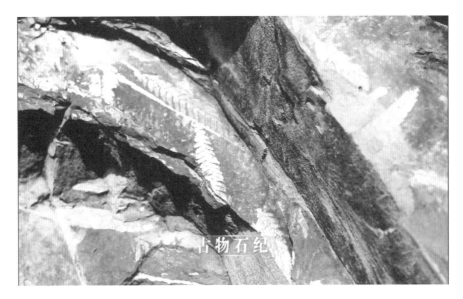

图 5 – 8　英管岭早侏罗世化石

5.4.3　观察内容

（1）观察背斜及其伴生节理，分析其形成机理。
（2）寻找古生物化石，观察其结构特征。

5.4.4　实习要求

（1）事先复习背斜、古生物化石的有关基本概念。
（2）在教师带领下，认真观察背斜与节理变形特征，分析形成原理与活动方式，练习作素描图，将其记录下来。
（3）练习罗盘使用方法，测量背斜轴面及两翼产状。
（4）在教师带领下，认真观察古生物化石结构特征及其与围岩关系，分析产生机理及地质意义，并练习作素描图，将典型地质现象记录下来。

5.5　深圳路线（沉积岩剖面）

5.5.1　点位

位于深圳大鹏新区海滨北路西 1000 m，南沙兴苑小区半山公园处。
地理坐标：东经 114°29′53″；
　　　　　　北纬 22°33′18″；
　　　　　　海拔 11 m。

5.5.2　地质背景

下侏罗统世金鸡组黑色的泥质粉砂岩（英管岭背斜核部地层）在喜马

拉雅运动期间发生整体倾斜，形成单斜地层。（如图5-9所示）

图5-9 南沙兴苑下侏罗统世金鸡组黑色的泥质粉砂岩剖面

5.5.3 观察内容

（1）观察泥质粉砂岩岩性特征，分析其形成环境。

（2）观察单斜地层结构特征，分析其形成机理。

5.5.4 实习要求

（1）事先复习沉积岩的结构、构造等有关基本概念。

（2）在教师带领下，认真观察泥质粉砂岩粒度与韵律变化特征，分析形成环境与构造活动方式，将其记录下来。

（3）练习罗盘使用方法，测量层面产状。

（4）在教师带领下，练习作路线信手剖面图，将该处地质现象记录下来。

5.6　深圳西涌路线（现代海岸与沉积地貌）

5.6.1　点位

位于深圳南澳街西涌沙滩风景区。

地理坐标：东经 114°32′41″；

　　　　　　北纬 22°28′44″；

　　　　　　海拔 4 m。

5.6.2　地质背景

西涌沙滩海岸在海浪冲积作用下形成典型的现代砂质海岸与沉积地貌景观，沙滩、沙堤、潟湖障壁海积地貌保存完好。（如图 5 – 10 至图 5 – 12 所示）

图 5 – 10　砂质海岸、基岩海岸及破浪现象（蔡周荣 摄，2012）

图 5 – 11　基岩海岸地貌特征（蔡周荣 摄，2012）

图 5 – 12　沙滩—沙堤—潟湖构成的海积地貌特征（蔡周荣 摄，2012）

5.6.3 观察内容

（1）观察砂质海岸及基岩海岸特征。

（2）观察破浪及其形成和作用方式。

（3）观察沙滩—沙堤—潟湖构成的海积地貌特征。

5.6.4 实习要求

（1）事先复习海洋及海岸破浪地质作用的基本知识。

（2）在教师带领下，认真观察海岸类型（砂质海岸和基岩海岸），分析其形成原理。

（3）在教师带领下，认真观察沙滩—沙堤—潟湖等海积地貌的形态及其组合与排列方式，分析其形成原理。

（4）将典型地质现象作素描图，记录下来。

5.7 深圳杨梅坑路线（现代海蚀作用与海蚀洞）

5.7.1 点位

位于深圳南澳街杨梅坑海边。

地理坐标：东经 114°36′18″；

北纬 22°32′40″；

海拔 3 m。

5.7.2　地质背景

侏罗系砂岩、粉砂岩层，后期遭受构造作用改造，形成褶皱、断层、节理，并受到现代海蚀作用形成海蚀崖、海蚀槽、海蚀洞。（如图 5 - 13、图 5 - 14 所示）

图 5 - 13　现代海蚀作用形成的海蚀崖（1）（蔡周荣 摄，2012）

图 5 - 14　现代海蚀槽、海蚀洞（梁捷尉 摄，2017）

5.7.3　观察内容

（1）观察现代海蚀作用方式。

（2）观察现代海蚀作用形成的海蚀崖、海蚀槽、海蚀洞。

5.7.4　实习要求

（1）事先复习有关海蚀作用产生的基本知识。

（2）在教师带领下，认真观察海蚀作用过程，分析产生机理及其基本特征。

（3）观察现代海蚀作用形成的典型地貌特征，并将典型地质现象作素描图，记录下来。

5.8　深圳秤头角路线（海蚀崖与海蚀平台）

5.8.1　点位

位于深圳大鹏街道下沙居委会秤头角附近。

地理坐标：东经 114°24′49″；

北纬 22°36′16″；

海拔 4 m。

5.8.2　地质背景

侏罗系砂岩、粉砂岩层，后期遭受构造作用改造，形成褶皱、断层、节理，并受到现代海蚀作用形成海蚀崖、海蚀平台。（如图 5 – 15、图 5 –

16 所示）

图 5 - 15   现代海蚀作用形成的海蚀崖（2）（蔡周荣 摄，2012）

图 5 - 16   现代海蚀作用形成的海蚀平台（蔡周荣 摄，2012）

5.8.3　观察内容

（1）观察现代海蚀作用方式。

（2）观察现代海蚀作用形成的海蚀崖、海蚀槽、海蚀洞。

5.8.4　实习要求

（1）事先复习有关海蚀作用产生的基本知识。

（2）在教师带领下，认真观察海蚀作用过程，分析产生机理及其基本特征。

（3）观察现代海蚀作用形成的典型地貌特征，并将典型地质现象作素描图，记录下来。

5.9　深圳大水坑路线（黄坑断裂及其相关褶皱）

5.9.1　点位

位于深圳大鹏半岛水坑海边。

地理坐标：东经 114°36′11″；

北纬 22°32′06″；

海拔 5 m。

5.9.2　地质背景

黄坑断裂带主要发育在大鹏半岛东南部，北东端起于大水坑，向南西经西冲延入海中，出露长约 13 km，宽 10～20 m，产状 320°∠50°±，南西段穿行于泥盆系中，北东段发育在侏罗—白垩系七娘山群火山岩里，在它的北东端大水坑海边可见泥盆系鼎湖山群逆掩在中生界七娘山群火山岩之上。断裂面呈舒缓波状，沿断裂面可见糜棱岩、硅化破裂岩、断层泥及断层相关褶皱（如图5-17所示），地表可见由两条大致平行的规模不大的断层组成。前人研究认为，该断裂生成于早白垩世，力学性质以压纽性为主，具有多期活动特征。

附近见大片砾石滩（如图5-18所示）。

图5-17　黄坑断层及其相关褶皱地质地貌（梁捷尉 摄，2017）

图5-18　深圳大水坑岸边砾石滩（梁捷尉 摄，2017）

5.9.3　观察内容

（1）观察断层面、断层岩、牵引褶皱等现象。

（2）宏观观察由于断层作用在地表形成的带状水系等地貌特征现象。

5.9.4　实习要求

（1）事先复习断层及其相关褶皱的有关基本概念。

（2）在教师带领下，认真观察断层面特征，分析产生机理。

（3）将典型地质现象作素描图，记录下来。

5.10　广州莲花山路线（沉积岩剖面及假整合）

5.10.1　点位

位于广州莲花山东北端边缘山根处。

地理坐标：东经 113°30′09″；

北纬 22°59′40″；

海拔 22 m。

5.10.2　地质背景

中生界白垩系大望山组～新生界古近系莘庄村组沉积岩地层剖面：下部白垩系大望山组顶部为褐色薄层石英粉砂岩—细砂岩夹灰色页岩，水平层理、微波状层理、微交错层理、层面波痕发育，岩石固结程度高、硬度大，产状：250°～260°∠14°～15°；上覆新生界古近系莘庄村组地层为紫红色含砾杂砂岩，层理极不发育，岩石固结程度相对较低。中生界白垩系大望山组与新生界古近系莘庄村组地层之间呈假整合接触关系。（如图5-19所示）

图 5-19　广州莲花山沉积岩剖面及平行不整合（据刘金山 等，2008）

5.10.3　观察内容

（1）观察沉积岩的物质组成、结构、层理与层面构造特征。

（2）观察沉积岩的层序特征、地层接触关系。

（3）观察不同沉积岩地层的产状及其变化特征。

5.10.4　实习要求

（1）事先复习沉积岩的有关基本概念。

（2）在教师带领下，认真观察沉积岩的物质组成、结构、层理与层面构造特征。

（3）在教师带领下，认真观察沉积岩的层序及地层接触关系。

（4）练习使用罗盘，测量不同地层的产状。

（5）将典型地质现象作素描图，记录下来。

5.11　深圳七娘山路线（古火山地貌景观）

5.11.1　点位

位于深圳市七娘山。

地理坐标：东经114°33′52″；

北纬22°31′09″；

海拔502 m。

5.11.2　地质背景

距今1.4亿年前，七娘山地区古火山喷发，形成含火山角砾凝灰岩。（如图5 - 20、图5 - 21所示）

图 5 - 20　深圳七娘山流纹岩

图 5-21　深圳七娘山火山岩地貌

5.11.3　观察内容

（1）深灰色多斑流纹岩：基质为隐、细、微晶质，具流纹构造，裂隙发育。（如图 5-20 所示）

（2）七娘山一带为圆形环状构造，四周山梁和水系呈放射状分布，是由多次或一次多个火山喷发中心喷发物叠加堆积形成。（如图 5-21 所示）

5.11.4　实习要求

（1）事先复习岩浆活动及火山岩的有关基本概念。

（2）在教师带领下，认真观察火山岩的物质组成及结构构造，分析其产生机理及地质意义。

（3）将典型地质现象作素描图，记录下来。

5.12　参观深圳大鹏半岛国家地质公园博物馆

深圳大鹏半岛国家地质公园位于深圳东部，距深圳市区约 50 km，园区面积 150 km²，地质遗迹保护区范围 56.3 km²。

公园以距今约 1.35 亿年前晚侏罗世至早白垩世时期两次火山喷发的古火山遗迹和 2 万年至 1 万年以来形成的海岸地貌景观为主体，兼有古生物化石埋藏地、断层和构造地貌、溪流峡谷、瀑布跌水、崩塌地质遗迹及海岸风光等景观，集幽、秀、雄、奇的自然景观，良好的生态环境和山海相依的优美风光于一体。如图 5 - 22 所示为深圳大鹏半岛国家地质公园博物馆鸟瞰。

图 5 - 22　深圳大鹏半岛国家地质公园博物馆鸟瞰

深圳大鹏半岛国家地质公园以七娘山为主体，海岸地貌景观带为主要核心，融合旅游接待点、地质资源点、景观资源点，形成了"一核""一带""三点"的"一一三"格局。公园现有"穹丘行旅""海石奇观""鹿咀观潮""步溪杨梅""古物石纪""枫木断层"共 6 个地质遗迹景观区，建有地质公园博物馆、地质景观长廊、七娘山主峰和大雁顶次峰两条登山科考线路、主副碑广场、海岸景观大道、红树林湿地景区等。地质公园博物馆坐落在深圳市第二高峰七娘山山麓，群山环抱；建筑造型极富艺术魅力，与自然环境完美融合，荣膺多项国家级建筑设计奖项。如图 5 - 23 所示为深圳大鹏半岛国家地质公园博物馆火山模型。

图 5 - 23 深圳大鹏半岛国家地质公园博物馆火山模型

深圳大鹏半岛国家地质公园博物馆建筑面积 5 500 m^2，位于地质公园穹丘旅游景区，是地质公园核心景观之一，设 6 大展厅、3D 科普影院和室外恐龙展场。地质公园博物馆采用大量声、光、电等高科技展示手法，多媒体影片多达 44 部，景观复原 10 余处，科普内容丰富，展示形式多样，寓教于乐。2013 年被评为"深圳市地学科普教育基地"。并与中山大学、中国地质大学（北京）、华南师范大学合作建立地质科研教学实习基地。同时，地质公园先后与中国雷琼湖光岩世界地质公园、吉林龙湾群国家森林公园、广东恩平地热国家地质公园等国内著名公园缔结为"姊妹公园"。

地质公园内，三维立体式幻影模拟了宇宙、银河系以及太阳系的演化过程，大型动态影像地球展示了地球的奥秘，连接海洋与地球早期生命的DNA 双螺旋链揭示了生命起源，源于太空的各类陨石、产自地球环境的三大类岩石、海洋中蕴藏的各种矿产以及记录地球生命演化历史的各种古生物化石等均得以展出。如图 5 - 24 所示为深圳大鹏半岛国家地质公园博物馆海底世界模型，如图 5 - 25 所示为深圳大鹏半岛国家地质公园博物馆恐龙世界模型。

图 5 - 24　深圳大鹏半岛国家地质公园博物馆海底世界模型

图 5 - 25　深圳大鹏半岛国家地质公园博物馆恐龙世界模型

5.13 参观国土资源部广州海洋地质调查局

广州海洋地质调查局是直属于国土资源部中国地质调查局的多学科、多功能海洋地质调查研究机构，主要从事国家基础性、综合性、战略性和公益性的海洋地质调查研究工作。

广州海洋地质调查局紧紧围绕海洋资源、环境与权益三个主题，坚持以地质找矿为中心，在油气资源调查、海洋工程地质与灾害地质调查、大洋地质科学考察、南极科学考察、新能源（天然气水合物）调查、海洋高科技等领域成绩显著。

广州海洋地质调查局发现并圈定了北部湾、珠江口、万安、曾母等一批大型含油气盆地，1976年，首次在珠江口盆地钻获高产工业油流，实现了我国南海油气勘探的重大突破；在东太平洋海底圈定了多金属结核矿区，使我国成为继印度、苏联、法国、日本四国之后的国际海域多金属结核资源第五个"先驱投资者"；率先开展了珠江口盆地1∶20万国际分幅海洋工程地质调查，为我国南海大规模油气资源开发提供了环境工程基础资料。

近10年来，广州海洋地质调查局以高新技术为依托，积极开拓海洋地质工作新领域，2007年，成功在我国南海北部神狐海域钻探获取了天然气水合物实物样品，实现了新能源调查与评价工作的重大突破；2017年，又在我国南海北部神狐海域试采天然气水合物获得成功；在南海北部陆坡、黄海海域开展新一轮油气资源远景评价，发现了一批有利于油气聚集的构造；开展了南海海域1∶100万国际分幅海洋区域地质调查，为国家海洋经济建设、海洋规划、海洋主权权益的维护提供了基础资料。（资料来源：中国地质调查局广州海洋地质调查局网页，http∶//www.gmgs.cgs.gov.cn/gywm/wjgk）

40多年来，广州海洋地质调查局全体海洋地质工作者艰苦奋斗，实现了"踏遍中国海、挺进太平洋、登上南极洲"的宏伟目标，向国家提交了一大批具有国际先进水平的地质勘查和科研成果报告，获得了近百项国家、省部级地质勘查和科研成果奖，被誉为"中国海洋地质调查劲旅"。先后获得"全国功勋地质勘查单位"、"全国国土资源管理系统先进集体"、"全国海洋科技先进集体"、"全国地质勘查行业先进集体"、原地质矿产部"文明单位"、广东省"文明单位"、"新一轮全国油气资源评价先进单位"、"中国地质调查局保密工作先进单位"、"'十一五'国家科技计划执行优秀团队"、"国土资源部'十一五'科技工作先进集体"、"中国大洋协会集体突出贡献奖"等荣誉称号。如图 5 - 26 所示为广州海洋地质调查局南岗基地海洋地质码头。

图 5 - 26　广州海洋地质调查局南岗基地海洋地质码头

广州海洋地质调查局先后与美、德、俄等 12 个国家以及联合国开发计划署（UNDP）、国际海洋金属联合会（IOM）、东亚东南亚地学计划协调委员会（CCOP）、南太平洋地区近海矿产资源联合勘测协调委员会（SOPEC）等国际组织进行了形式多样、卓有成效的合作，获得了突出的研究成果。此外，该局还积极发挥设备和技术优势，开辟海洋地质市场，先后完成了国际海底光缆的路由调查，广东第一、第二核电站基础工程勘查，香港排污工程勘查，日本新潟、对马海峡地球物理调查，苏丹港码头修复工程，珠海伶仃洋大桥工程勘察，琼州海峡跨海大桥工程可行性勘察，深水油气井场工程调查等国内外地质工程项目，取得了显著的社会效益和经济效益。

21世纪是人类全面开发利用海洋的"海洋世纪"。公益性、基础性海洋地质工作的重要性已得到国家和社会的普遍关注和承认。广州海洋地质调查局将按照"精干高效、装备精良、专业全面、水平一流、走向国际"的发展方向，努力创建国际先进、国内一流水平的海洋地质调查研究机构，为维护我国海洋主权权益、开发利用海洋国土资源做出更大贡献。如图5－27所示为广州海洋地质调查局"海洋6号"科学考察船。

图5－27　广州海洋地质调查局"海洋6号"科学考察船

附录

附录 1 我国部分地区磁偏角

地　名	磁偏角（D）	地　名	磁偏角（D）
漠河	11°00′（西）	上海	4°26′（西）
齐齐哈尔	9°54′（西）	太原	4°11′（西）
哈尔滨	9°39′（西）	包头	4°03′（西）
长春	8°53′（西）	南京	4°00′（西）
满洲里	8°40′（西）	合肥	3°52′（西）
沈阳	7°44′（西）	郑州	3°50′（西）
旅大*	6°35′（西）	杭州	3°50′（西）
北京	5°50′（西）	许昌	3°40′（西）
天津	5°30′（西）	九江	3°03′（西）
济南	5°01′（西）	武汉	2°54′（西）
呼和浩特	4°36′（西）	南昌	2°48′（西）
徐州	4°27′（西）	银川	2°35′（西）
台北	2°32′（西）	柳州	1°08′（西）
西安	2°29′（西）	昆明	1°00′（西）
长沙	2°14′（西）	南宁	0°50′（西）
赣州	2°01′（西）	湛江	0°44′（西）
衡阳	1°56′（西）	凭祥	0°39′（西）
厦门	1°50′（西）	海口	0°29′（西）
兰州	1°44′（西）	拉萨	0°21′（西）
重庆	1°34′（西）	珠穆朗玛	0°19′（西）
遵义	1°26′（西）	东沙群岛	1°05′（西）
西宁	1°22′（西）	西沙群岛	0°10′（西）
桂林	1°22′（西）	乌鲁木齐	2°44′（东）
贵阳	1°17′（西）	南沙群岛	0°35′（东）
成都	1°16′（西）	曾母暗沙群岛	0°24′（东）
广州	1°09′（西）		

＊1981 年 2 月 9 日，国务院批准旅大市改称大连市。

摘自中国科学院地球物理研究所 1973 年编印的 1970 年中国地磁图。

附录 2 三角函数表

角度/(°)	正 弦	正 切	余 弦	余 切	角度/(°)
0	0.0000	0.0000	1.0000	Infin.	90
1	0.0175	0.0175	0.9998	57.2900	89
2	0.0349	0.0349	0.9994	28.6363	88
3	0.0523	0.0524	0.9986	19.0811	87
4	0.0698	0.0699	0.9976	14.3007	86
5	0.0872	0.0875	0.9962	11.4301	85
6	0.1045	0.1051	0.9945	9.5144	84
7	0.1219	0.1228	0.9925	8.1443	83
8	0.1392	0.1405	0.9903	7.1154	82
9	0.1564	0.1584	0.9877	6.3138	81
10	0.1736	0.1763	0.9848	5.6713	80
11	0.1908	0.1944	0.9816	5.1446	79
12	0.2079	0.2126	0.9781	4.7046	78
13	0.2250	0.2309	0.9744	4.3315	77
14	0.2419	0.2493	0.9703	4.0108	76
15	0.2588	0.2679	0.9659	3.7321	75
16	0.2756	0.2867	0.9613	3.4874	74
17	0.2924	0.3057	0.9563	3.2709	73
18	0.3090	0.3249	0.9511	3.0777	72
19	0.3256	0.3443	0.9455	2.9042	71
20	0.3420	0.3640	0.9397	2.7475	70
21	0.3584	0.3839	0.9336	2.6051	69
22	0.3746	0.4040	0.9272	2.4751	68

续上表

角度/(°)	正 弦	正 切	余 弦	余 切	角度/(°)
23	0.3907	0.4245	0.9205	2.3559	67
24	0.4067	0.4452	0.9135	2.2460	66
25	0.4226	0.4663	0.9063	2.1445	65
26	0.4384	0.4877	0.8988	2.0503	64
27	0.4540	0.5095	0.8910	1.9626	63
28	0.4695	0.5317	0.8829	1.8807	62
29	0.4848	0.5543	0.8746	1.8040	61
30	0.5000	0.5774	0.8660	1.7321	60
31	0.5150	0.6009	0.8572	1.6643	59
32	0.5299	0.6249	0.8480	1.6003	58
33	0.5446	0.6494	0.8387	1.5399	57
34	0.5592	0.6745	0.8290	1.4826	56
35	0.5736	0.7002	0.8192	1.4281	55
36	0.5878	0.7265	0.8090	1.3764	54
37	0.6018	0.7536	0.7986	1.3270	53
38	0.6157	0.7813	0.7880	1.2799	52
39	0.6293	0.8098	0.7771	1.2349	51
40	0.6428	0.8391	0.7660	1.1918	50
41	0.6561	0.8693	0.7547	1.1504	49
42	0.6691	0.9004	0.7431	1.1106	48
43	0.6820	0.9325	0.7314	1.0724	47
44	0.6947	0.9657	0.7193	1.0355	46
45	0.7071	1.0000	0.7071	1.0000	45

附录 3 倾角换算表

岩层走向与剖面间夹角

真倾角 \ 视倾角	1°	5°	10°	15°	20°	25°	30°	35°	40°	45°	50°	55°	60°	65°	70°	75°	80°
10°	0°11′	0°53′	1°45′	2°37′	3°27′	4°16′	5°02′	5°47′	6°28′	7°06′	7°42′	8°13′	8°41′	9°05′	9°24′	9°40′	9°51′
15°	0°16′	1°20′	2°40′	3°58′	5°14′	6°28′	7°38′	8°44′	9°46′	10°44′	11°36′	12°23′	13°04′	13°39′	14°08′	14°31′	14°47′
20°	0°22′	1°49′	3°37′	5°23′	7°06′	8°45′	10°19′	11°48′	13°10′	14°26′	15°35′	16°36′	17°30′	18°15′	18°53′	19°22′	19°43′
25°	0°28′	2°20′	4°38′	6°53′	9°04′	11°09′	13°07′	14°58′	16°41′	18°15′	19°39′	20°54′	21°59′	22°55′	23°40′	24°15′	24°40′
30°	0°35′	2°53′	5°44′	8°30′	11°10′	13°13′	16°06′	18°19′	20°21′	22°12′	23°52′	25°19′	26°34′	27°37′	28°29′	29°09′	29°27′
35°	0°42′	3°30′	6°56′	10°16′	13°28′	16°29′	19°18′	21°53′	24°14′	26°20′	28°13′	29°50′	31°14′	32°24′	33°21′	34°04′	34°35′
40°	0°50′	4°11′	8°17′	12°15′	16°00′	19°32′	22°46′	25°42′	28°20′	30°41′	32°44′	34°30′	36°00′	37°15′	38°15′	39°02′	39°34′
45°	1°00′	4°59′	9°51′	14°31′	18°53′	22°55′	26°34′	29°50′	32°44′	35°16′	37°27′	39°19′	40°54′	42°11′	43°13′	44°00′	44°34′
50°	1°11′	5°56′	11°42′	17°09′	22°11′	26°44′	30°47′	34°21′	37°27′	40°07′	42°24′	44°19′	45°54′	47°12′	48°14′	49°01′	49°34′
55°	1°26′	7°06′	13°56′	20°17′	26°02′	31°07′	35°32′	39°19′	42°33′	45°17′	47°34′	49°29′	51°03′	52°19′	53°19′	54°04′	54°35′
60°	1°44′	8°35′	16°44′	24°09′	30°29′	36°12′	40°54′	44°49′	48°04′	50°46′	53°00′	54°49′	56°19′	57°30′	58°26′	59°08′	59°37′
65°	2°09′	10°35′	20°26′	29°02′	36°16′	42°11′	47°00′	50°53′	54°02′	56°36′	58°40′	60°21′	61°42′	62°46′	63°36′	64°14′	64°40′
70°	2°45′	13°28′	25°30′	35°25′	43°13′	49°16′	53°57′	57°36′	60°29′	62°46′	64°35′	66°03′	67°12′	68°07′	68°50′	69°21′	69°43′
75°	3°44′	18°01′	32°57′	44°00′	51°55′	57°37′	61°49′	64°58′	67°22′	69°15′	70°43′	71°53′	72°48′	73°32′	74°05′	74°30′	74°47′
80°	5°39′	26°18′	44°34′	55°44′	62°44′	67°21′	70°34′	72°55′	74°40′	76°00′	77°02′	77°51′	78°29′	78°50′	79°22′	79°39′	79°51′
85°	11°17′	44°53′	63°16′	71°19′	75°39′	78°18′	80°05′	81°20′	82°15′	82°57′	83°29′	83°54′	84°14′	84°29′	84°41′	84°49′	84°55′
89°	45°00′	78°40′	84°16′	86°09′	87°05′	87°38′	88°00′	88°15′	88°27′	88°35′	88°42′	88°47′	88°51′	88°54′	88°56′	88°58′	88°59′

附录 4　地质图件常用符号

不整合界线（黑）

实测地层界线及侵入体接触线（黑）

推测地层接触线及侵入体接触线（黑）

侵入岩与围岩接触面产状（箭头指示接触面倾向，数字为倾角）

岩相分界线

实测断层线（红）（性质不明）

推测断层线（红）（性质不明）

正断层（红）

逆断层（红）

平移断层（红）

背斜轴线（轴迹）

向斜轴线（轴迹）

倒转背斜轴线（轴迹）（箭头指向轴面倾向）

倒转向斜轴线（轴迹）（箭头指向轴面倾向）

隐伏背斜轴线（轴迹）

隐伏向斜轴线（轴迹）

背斜枢纽的起伏及倾伏

向斜枢纽的起伏及倾伏

剖面线

岩层倾向及倾角

水平地层产状（0°~5°）

直立地层产状（箭头指向较新地层）

倒转地层产状（箭头指向倒转后倾向）

片理或片麻理倾向及倾角

穹窿构造

盆地构造

飞来峰

构造窗

附录5 地质图件常用岩石花纹图例

1.沉积岩花纹

（1）砾岩类

砾岩

砂砾岩

角砾岩

泥砾岩

钙质砾岩

铁质砾岩

凝灰质砾岩

泥质砾岩

（2）砂岩类

粗砂岩

中砂岩

细砂岩

粉砂岩

中-细砂岩

石英砂岩

长石砂岩

粉-细砂岩

长石细砂岩

长石石英砂岩

硅质中砂岩

硅质细砂岩

硅质粉砂岩

泥质粗砂岩

凝灰质粗砂岩

凝灰质细砂岩

（3）粉砂岩类

粉砂岩

硅质粉砂岩

泥质粉砂岩

灰质粉砂岩

白云质粉砂岩

凝灰质粉砂岩

（4）页岩

页岩

油页岩

泥岩

粉砂质泥岩

碳质泥岩

硅质泥岩

白云质泥岩

沉凝灰岩

灰质泥岩

凝灰质泥岩

（5）灰岩

石灰岩

结晶灰岩

泥质灰岩

硅质灰岩

泥质白云岩

白云质灰岩

砂质灰岩

生物灰岩

含燧石结核灰岩

鲕状灰岩

竹叶状灰岩

介壳灰岩

角砾状灰岩

白云岩

泥质白云岩

砂质白云岩

（6）其他岩石

铝质岩

硅质岩

磷块岩

煤层及夹层

断层角砾岩

铁矿层

断层泥

118

2.岩浆岩花纹

（1）侵入岩

图例	名称
	纯橄榄岩
	橄榄岩
	辉岩
	角闪石岩
	蛇纹岩
	辉长岩
	辉长斑岩（玢岩）
	斜长岩
	辉绿岩（玢岩）
	闪长岩
	辉石闪长岩
	角闪闪长岩
	石英闪长岩
	闪长斑岩（玢岩）
	花岗闪长岩
	斜长花岗岩
	角闪花岗岩
	二云花岗岩
	白云母花岗岩
	黑云母花岗岩
	碱性花岗岩（钾长花岗岩）
	花岗斑岩
	白岗岩
	石英斑岩
	石英二长岩
	二长岩
	二长斑岩
	花岗正长岩
	石英正长岩
	正长岩
	正长斑岩
	霞石正长岩
	霞石正长斑岩
	霞石岩

（2）岩脉、矿脉

图例	名称
	超基性岩脉（未分）
	基性岩脉（未分）
	中性岩脉
	细晶岩脉
	伟晶岩脉
	云煌岩脉
	碱性岩脉
	玢岩脉
	煌斑岩脉
	辉绿岩脉

矿体（脉）

（3）喷出岩

火山碎屑岩

图例	名称
	超基性喷出岩（以凝灰质为主）
	基性喷出岩（以凝灰质为主）
	中性喷出岩（以凝灰质为主）
	酸性喷出岩（以凝灰质为主）
	碱性喷出岩（以凝灰质为主）
	角斑岩
	细碧岩
	细碧角斑岩

熔岩

图例	名称
	玄武岩
	杏仁状玄武岩
	安山玄武岩
	安山岩
	安山斑岩
	安山玢岩
	英安岩
	流纹岩
	流纹斑岩
	粗面斑岩
	粗面岩
	石英斑岩

3.变质岩

（1）区域变质岩

图例	名称
	板岩（未分）
	千枚岩（未分）
	片岩（未分）
	硅质板岩
	碳质板岩
	砂质板岩
	花岗片麻岩
	变质砾岩
	石墨片岩
	碎裂岩
	斜长绿泥片岩
	蛇纹石片岩
	绿泥片岩
	滑石片岩
	变质砂岩
	石英岩
	长石石英岩
	角闪岩(未分)
	辉石岩
	片麻岩
	正片麻岩
	副片麻岩

图例	名称
	花岗片麻岩
	大理岩
	矽（硅）化灰岩
	白云大理岩
	石英片岩
	绢云母石英片岩

（2）混合岩

图例	名称
	条带状混合岩
	角砾状混合岩
	网状混合岩
	眼球状混合岩
	分支混合岩
	肠状混合岩

（3）岩石构造

图例	名称
	板状、千枚状构造
	片状构造
	片麻状构造
	混合岩构造

4.主要岩浆岩代号

代号	名称
γ	花岗岩
δ	闪长岩
ξ	正长岩

代号	名称
ν	辉长岩
ψ	辉岩
σ	橄榄岩
λ	流纹岩
τ	粗面岩
α	安山岩
β	玄武岩
β_μ	辉绿岩细碧岩
γ_π	花岗斑岩

5.岩脉、矿脉符号

符号	名称
q	石英脉
r	酸性岩脉
p	伟晶岩脉
σ	中性岩脉
N	基性岩脉
X	煌斑岩脉
μ	玢岩脉
	辉长岩脉
Σ	超基性岩脉
K	碱性岩脉
Au	矿脉（代号为元素）

参 考 文 献

［1］《深圳地质》编写组．深圳地质［M］．北京：地质出版社，2009.

［2］邓国庆．平泉地区野外地质实习教程［M］．北京：石油工业出版社，2009.

［3］杜远生，童金南．古生物地史学概论［M］．武汉：中国地质大学出版社，2009.

［4］国家发展和改革委员会．SY/T 5615—2004 中华人民共和国石油天然气行业标准·石油天然气地质编图规范及图式［S］．北京：石油工业出版社，2004.

［5］景向伟，武世新，申震强．延安地区野外地质实习指导书［M］．北京：石油工业出版社，2011.

［6］李忠权，刘顺．构造地质学［M］．北京：地质出版社，2010.

［7］桑隆康，马昌前．岩石学［M］．北京：地质出版社，2012.

［8］舒良树．普通地质学：彩色版［M］．3 版．北京：地质出版社，2010.

［9］王翠芝．福州地区地质认识实习指导书［M］．武汉：中国地质大学出版社，2010.

［10］叶洪波，杨宝忠．黄石地区地质教学实习指导书［M］．武汉：中国地质大学出版社有限责任公司，2011.

［11］赵得思．区域地质野外地质调查实习指导书［M］．哈尔滨：哈尔滨工程大学出版社，2009．

［12］吴世泽，李茂华，朱振彪，等．野外3D地质信息采集与实践［M］．武汉：中国地质大学出版社有限责任公司，2013．

［13］徐茂全，陈友飞．海洋地质学［M］．厦门：厦门大学出版社，2010．

［14］刘金山，任凯．广州市地质遗迹研究［M］．北京：地质出版社，2008．